二十四节气话种菜

ERSHISI JIEQI
HUA ZHONGCAI

曹华 主编

中国农业出版社

北 京

春
夏
秋
冬

主 编 曹 华

副主编　王克武　王红霞　杜会军

其他编著人员（以姓氏笔画为序）

王　江　王立平　王忠义　王晓青

文方芳　冯宝军　朱青艳　刘士勇

齐长红　杨清清　李红岭　李新旭

陈加和　陈燕红　徐　进

主编单位　北京市农业技术推广站

曹华 北京市农业技术推广站名优蔬菜专家，北京市"12316"三农服务热线首席蔬菜栽培专家，农业部都市农业（北方）重点实验室专家。

从事蔬菜生产技术工作50余年，近20年重点进行优质、高档蔬菜和景观蔬菜栽培技术研究。主持省部级科技项目10多项，荣获农业部和北京市政府科技成果奖励16项。作为第一发明人获得"日光温室观光蔬菜树式栽培"等7项国家发明和实用新型技术专利。

1999年主持昆明世界园艺博览会北京市参展活体展品栽培工作；2013—2018年连续六届作为北京农业嘉年华专家，参与方案设计和现场指导；2015年以来作为专家参加2019年北京世界园艺博览会技术工作。2011年和2012年连续两年荣获"全国十大优秀栽培专家"称号。多次到山东、河北、山西等10多个省（直辖市）讲课和现场技术指导。研究总结的名特蔬菜栽培技术被CCTV-7农业频道和中央农业广播学校拍（录）成专题片80多部（集）在全国播放。

　　二十四节气是我国劳动人民在长期生产实践中总结出的农业与气象相结合的精髓。它起源于黄河流域，早在西汉年间就已被正式订于历法。2016年11月30日，中国二十四节气被联合国教科文组织正式列入"人类非物质文化遗产代表作名录"。

　　节气与蔬菜生产密切相关。每个节气的温度、光照等各有特点，最适合什么蔬菜生长和采收上市都有一定规律，种植蔬菜要符合气候变化的规律。本书以二十四节气为线索，针对我国蔬菜种植面积大、栽培中出现问题较多、生产中新技术应用较少等问题，在认真总结50余年蔬菜科研与生产经验的基础上，结合连续5年跟踪调查北京郊区300多位种菜能手和高产高效示范户蔬菜生产情况，参考近10年亲临田间指导北京、河北、山东、山西、河南、内蒙古等地区80多个蔬菜标准化园区和生产基地的经验总结和田间农事操作记录编撰而成。书中配有蔬菜品种、田间长势、操作方法、病虫害症状等照片200多幅，适宜具有初中以上文化程度的菜农和各级蔬菜技术人员阅读参考。力求让现代菜农了解季节、气候的变化规律，在传承和弘扬我国传统农耕文化的基础上，促进蔬菜生产水平不断提升，生产出安全、优质的"时令菜"供应市场，进而增加收入。

需要说明的是，我国幅员辽阔，各个地区的气候都存在差异，种植习惯和消费者需求也各不相同。关于二十四节气的农谚大多是在河南省北部黄河流域总结而成。本书编著者以北京平原地区为例总结摸索出的二十四节气种菜农事活动规律，并不能适用于我国所有地区。华北平原地区气候特点类似，可以参考，不能照搬。各地要根据当地气候特点和近期天气变化，合理安排蔬菜育苗、定植和管理工作。

本书编写过程中得到全国著名蔬菜专家的大力支持和帮助，其中病虫害防治部分得到北京市植物保护站郑建秋研究员的大力协助并审稿把关，在此表示衷心的感谢！书稿编写过程中引用了一些著作和论文资料，在此对作者深表感谢！

曹　华

2018年10月

目录

二十四节气与蔬菜生产

二十四节气的由来

二十四节气起源于我国中部的黄河流域。远在春秋时期，就定出仲春、仲夏、仲秋、仲冬等四个节气。以后不断改进与完善，到秦汉年间，二十四节气已完全确立。公元前104年，由邓平等人制定的《太初历》，正式把二十四节气订于历法，明确了二十四节气的天文位置。

2006年5月20日，"二十四节气"作为民俗项目经国务院批准列入第一批国家级非物质文化遗产名录。2014年4月，文化部正式启动将"二十四节气"列入人类非物质文化遗产名录的申报工作。 2016年11月30日，中国二十四节气被联合国教科文组织正式列入"人类非物质文化遗产代表作名录"。

太阳从黄经0°起，沿黄经每运行15°所经历的时日称为"一个节气"。每年运行360°，共经历24个节气，每月2个。其中，每月第一个节气为"节气"，即：立春、惊蛰、清明、立夏、芒种、小暑、立秋、白露、寒露、立冬、大雪和小寒等12个节气；每月的第二个节气为"中气"，即：雨水、春分、谷雨、小满、夏至、大暑、处暑、秋分、霜降、小雪、冬至和大寒等12个节气。"节气"和"中气"交替出现，各历时15天。现在人们已经把"节气"和"中气"统称为"节气"。

二十四节气反映了太阳的周年运动，所以在现行的同属太阳历的公历中日期基本固定，上半年在6日、21日，下半年在8日、23日，前后不差1~2天。为了便于记忆，人们编出了二十四节气歌诀：

春雨惊春清谷天，夏满芒夏暑相连。

秋处露秋寒霜降，冬雪雪冬小大寒。

每月两节不变更，最多相差一两天。

上半年来六廿一，下半年是八廿三。

节气与蔬菜生产密切相关

1. 每个节气的温度、光照各有特点 每个节气对蔬菜作物生长的影响不同。比如说：冬至节气是一年中光照时间最短的节气，种植蔬菜的日光温室9时揭苫，16时盖苫，全天日照时数仅7小时，外界温度13～14时最高仅0℃至4℃，凌晨4～6时最低达−12℃至−20℃，温室内温度低、湿度大，作物植株生长速度慢，不易坐瓜坐果，果实生长速度慢，容易感染霜霉病、灰霉病、菌核病等病害。小暑和大暑节气是一年中温度最高的季节，14～15时最高温度可达到35℃以上，凌晨4～6时最低温度也在25℃，并且光照强、降雨多，生长环境高温、高湿，非常不利于蔬菜作物的生长，植株徒长，不易坐果，极易发生病虫害。华北平原地区最适宜蔬菜生长的季节是春季的清明、谷雨、立夏、小满、芒种、夏至（公历4～6月）和秋季的白露、立秋、寒露、霜降（公历9～10月），共10个节气。这10个节气气候温和、昼夜温差大、雨量适宜，有利于多种蔬菜作物的生长和发育，结果多，果实膨大快，并且品质好，不易发生病虫害。

2. 每个节气最适合什么蔬菜生长和采收上市都有一定规律 种植蔬菜要符合气候变化的规律，如清明节人们喜欢吃菠菜、韭菜馅的饺子，原因是春分、清明节气（3月中旬至4月上旬）气候温和凉爽，光照充足，适合叶类蔬菜生长，所以品质好。又如越冬根茬菠菜、小葱只有在秋分节前后（9月下旬）种植才能安全越冬，第二年春季长出鲜嫩的产品。若播种过早，冬前长势过旺，越冬时容易死苗；若播种过晚，越冬时植株弱小，不利于安全越冬。

3. 全国各地节气日期相同但气候差异很大 我国关于二十四节气的农谚大多是在河南省的北部黄河流域总结而成。我国幅员辽阔，各地的气候存在差异，种植习惯和消费者需求各不相同，所以笔者等以北京平原地区为例总结摸索出的规律，并不能适用于全国所有地区。华北平原地区气候特点类似，可以参考，不能照搬。各地要根据当地气候特点和近期天气变化来安排蔬菜育苗、定植等工作。如喜温性的番茄、黄瓜等作物要气温稳定在10℃以上、10厘米地温稳定在13℃以上才能定植。不同地区的春大棚定植期有很大差异，北京平原地区是春分节前后（3月下旬），而河南省北部的安阳地区则是在惊蛰节（3月上旬）过后，大约比北京平原地区提前10天。

农业生产要遵循自然规律，二十四节气正是我国人民多年总结的精髓。为了保留和传承我国的传统农耕文化，使广大菜农了解季节、气候变化的规律，为市场提供更多优质、安全的"时令菜"，笔者等将每个节气的气候特点和设施蔬菜、露地蔬菜农事活动的具体内容一一总结如下。

立春篇

　　立春是二十四节气中的第一个节气，在每年公历的2月3日至5日之间，太阳到达黄经315°时。"立"是开始的意思。

　　此时北京地区气候仍然寒冷，温度偏低，仍有降雪，时有大风天气，但气温开始日渐回升，光照时数逐渐延长，所以在北京地区立春节气可以称为春天的前奏，从气象角度还属于冬季，并未正式进入春天。俗话说，"一年之计在于春"，立春正是设施春茬蔬菜育苗、整地、定植以及日光温室越冬茬瓜果类蔬菜管理最忙的时候。

培育壮苗

大部分春茬设施蔬菜和部分露地蔬菜开始育苗，农谚"有苗一半收，壮苗多收半"，说的就是培育壮苗的重要性。育苗场所选在日光温室或小拱棚，若地温低于15℃，应安装地热加温线和温控仪来增加地温。

地热线铺设

穴盘育苗

1. 瓜类蔬菜播种 大棚和小拱棚双层覆盖种植的黄瓜、西葫芦、南瓜、冬瓜、西瓜、甜瓜等瓜类作物在2月上中旬播种育苗，3月下旬定植。采用32穴或50穴的穴盘或8厘米×8厘米规格的营养钵育苗，以草炭、蛭石2：1比例混合制成基质或用商品育苗基质。瓜类种子一般进行了种子包衣处理，若没有进行包衣处理可用浸种催芽的方法进行消毒。黄瓜宜选用早熟、品质好、抗病性强的中农12号、北农佳秀等品种。西葫芦宜选用早熟、品质好的京葫5号、京莹等品种。南瓜可选择京红栗、京绿栗等栗味南瓜品种。冬瓜可选择一串铃等品种。早春设施栽培大西瓜品种可选择品质好、产量高的华欣3号、北农天骄等品种；小西瓜可选择品质好、早春低温易坐果的超越梦想、锦秀等品种。甜瓜可选择早熟性好、甜度高的一特白、伊丽莎白等品种。西瓜、甜瓜和黄瓜等瓜类作物忌重茬，早春设施栽培最好采用嫁接苗。西瓜砧木品种可选择京欣砧4号或京欣砧优，黄瓜砧木品种可选择京欣砧5号，采用贴接法嫁接，砧木比接穗晚播4～6天为宜。

2.**豆类蔬菜播种**　华北地区日光温室早春茬菜豆和豇豆在2月初播种育苗，采用50穴的塑料穴盘或6厘米×6厘米的营养钵育苗，每穴播2～3粒种子，苗龄15天。在2月中下旬定植，4月下旬开始陆续采收。

3.**芹菜和生菜播种**　露地春茬芹菜和生菜在2月初播种育苗，生菜在3月下旬定植，芹菜在4月上中旬定植。采用128穴的塑料穴盘，也可采用普通苗床育苗。选用早熟、品质好的文图拉品种。提前晒种1天，浸种24小时后用手搓去种子上抑制发芽的物质，浇足底墒后均匀播种。

生菜架式穴盘育苗

4.**苗期管理**

（1）**及时分苗**　普通苗床育苗方式的茄果类和瓜类蔬菜苗在2叶1心期要分苗，将幼苗分到营养钵中有利于根系生长，分苗后提高室温3～5℃。

（2）**调节适宜的温度**　需要精心呵护，做好防寒保温，特别是保持地温。遇到极端寒冷天气，保持夜温不低于13℃，对番茄和甘蓝的幼苗尤为重要。番茄幼苗2叶1心以后进入花芽分化时期，在13℃以下的低温环境容易产生畸形果实；甘蓝在6叶期遇低温容易出现早期抽薹的现象。温度不够时应采取安装浴霸灯泡、电暖气、加温燃烧块等临时加温措施，确保幼苗不受冻。还要将番茄、黄瓜等喜温作物与生菜、芹菜等耐寒作物分开码放在不同的温度区域。并且每隔1周左右调换一次苗盘的位置，以使幼苗生长均匀。

（3）**增加光照** 出苗以后应尽量保证幼苗较强的光照，并使其多见光。安装补光灯等人工补光措施有利于培养壮苗，在晴天放草苫后开启4～5小时，阴天开启12小时。

（4）**适时浇水、追肥和病虫害防治** 在幼苗2叶1心后及时浇水追肥。可用水溶性好的"圣诞树"速溶肥对水1 000倍液喷雾，根据苗情7～10天喷施1次。苗期病害重点是预防猝倒病，尤其在连阴天和低温高湿的环境下，极易诱发猝倒病。当苗床发现病苗时，应及时拔除，撒施少量草木灰或干土，同时施药防治，并采用72.2%普力克水剂600倍液、75%百菌清600倍液，任选1种，每5～7天1次，一般要防治3～5次。

日光温室施肥整地

日光温室整地做畦

早春茬喜温作物即将定植，要提前15天施肥整地。首先做好清洁田园工作，减少病虫害发生源，将上茬残株烂叶和地膜及时清除干净，运到指定地点进行臭氧消毒或高温堆肥等无害化处理。每667米^{2}施用腐熟、细碎优质有机肥5 000千克或生物有机肥3 000千克，翻耕深度25～30厘米。将地整平整细，达到地平、畦平、没有明暗坷垃的标准，按1.4～1.5米的间距做成高畦，畦面宽70～80厘米，畦沟宽60～70厘米，畦面铺设两条滴灌管或滴灌带后覆盖银灰色地膜，等候适宜时机定植。

喜温蔬菜定植

日光温室内早春茬黄瓜、番茄、茄子、辣椒、西葫芦等喜温性蔬菜在2月上中旬陆续开始定植。一般10厘米地温稳定在15℃时，选择"冷尾暖头"时机定植，黄瓜、番茄、辣椒定植平均行距65～75厘米，株距28～40厘米，每667米^{2}栽3 000～3 200株；西葫芦定植平均行距70～75厘米，株距

40 ～ 45厘米，每667米^{2}栽2 000 ～ 2 200株。一般选取晴天上午进行定植，每畦栽2行。栽苗的深度以不埋过子叶为准。番茄、茄子、辣椒等适当深栽可促进不定根发生。如遇徒长苗，秧苗较高，可采取卧栽法，将秧苗朝一个方向斜卧地下，埋入2 ～ 3片真叶无妨。黄瓜适宜浅栽，苗坨与土壤面平齐。低温季节一般采用暗水定植方法，即先开沟浇水或在定植穴内先浇水，之后放入秧苗，再覆土。暗水定植，水量以达到苗坨与挖土之间充分黏合即可，水量过大会降低地温。根系暂时达不到的地方，可不浇水。这种方法能够防止土壤板结，利于提高地温，促进早生根、早缓苗。

耐寒快熟蔬菜播种和移栽

日光温室种植的油菜、茼蒿、菠菜、生菜、小白菜、樱桃萝卜等快熟蔬菜正是适宜播种与定植的季节，可以根据销售情况采取分批播种、陆续采收的种植方式。每667米^{2}施用充分腐熟、细碎的优质有机肥3 000千克或生物有机肥2 000千克，精细整地，做到地平、畦平、埂直，表层土壤疏松没有明暗坷垃。茼蒿、油菜、菠菜、樱桃萝卜宜采取直接播种的种植方式，浇足底墒水，均匀播种，覆土薄厚一致后盖一层地膜起到保温保湿的作用，待出苗50%及时撤去地膜。生菜、小白菜宜采用育苗移栽方式。加强生长期管理，种出鲜嫩、安全的产品以供应春季淡季市场。

日光温室生菜定植

越冬蔬菜田间管理和采收

立春前后正是日光温室越冬茬蔬菜管理的关键时期。

1.做好保温防寒 随时注意天气变化，以防强寒流和连阴天气对作物造成伤害，必要时要采取浴霸、加温燃烧块或电热鼓风炉等临时加温措施。并且要勤擦洗棚膜，增加透光率。

2.植株和果实管理 及时整枝打杈和落蔓，打杈强调"掰杈"，即用手指捏住侧枝顶部，骤然往旁侧掰下，伤口整齐，便于愈合，而且掰杈的手只接触杈，不接触主干，可避免传播烟草花叶病毒。注意打杈要选在晴天通风时进行，以便伤口愈合快。若在阴天进行，伤口容易腐烂，给病菌入侵创造条件。黄瓜采用落蔓夹落蔓，操作方便且省工。由于此期温度低，花粉少，应采用生长调节剂蘸花辅助授粉。当果实坐住以后，及时疏去多余的花和果，一般每穗留果3～4个，疏去畸形果和每穗上过大和过小的果实，使果实成熟时大小均匀。

3.科学浇水和追肥 追肥应以随滴灌施用营养全面、配比合理的圣诞树等速溶肥为宜，每立方米灌溉水加1.5千克肥料，每次施入3～5千克。也可随水施用氮磷钾含量全面的海藻酸类或腐殖酸类有机液肥。另外，采用二氧化碳施肥可以提高产量。有研究数据表明，棚内二氧化碳浓度提高到0.1%，

袋式二氧化碳施肥

可提高产量10%～30%。二氧化碳施肥的方法有二氧化碳发生器和化学反应法两种。化学反应法操作是：每1 000米³空间，在果实开始膨大期的晴天日出后，不开风口的前提下，每日将2.3千克浓硫酸对入3倍水中，配成1：3的稀硫酸溶液，与3.6千克碳酸氢铵混合，经化学反应生成二氧化碳，浓度约达0.1%，闭棚2小时以上，当棚温达30℃时开窗放风，连续使用35天，可达提高产量的目的。阴天不施。反应后的化肥还可做追肥使用。吊袋方法比较省工，坐住果后每667米²悬挂二氧化碳肥20袋左右。最好在棚内设置蓄水池或蓄水缸（桶），待水温升高至18℃后再浇水，注意要小水勤浇。棚内蔬菜要避免大水漫灌，以防地温骤降影响根系生长和吸收水分、养分能力。

4.**及时采收**　在最佳商品期采收。春节前后正是市场需求量大、价格高的季节，北京市场多年形成的菜品不仅要鲜嫩，外观还要好看、整齐，所以要提高整修质量，争取卖个好价钱。

鲜食番茄

黄色彩椒

5.**病虫害防治** 立春节气还属于低温寡照季节，棚内低温高湿生长环境容易使蔬菜遭受灰霉病、菌核病、霜霉病、晚疫病和根结线虫等病虫的危害，应首先调节适宜的生长环境条件，增温和补光尤为重要，阴天也要在中午短时间放风，并在行间撒一层干锯末或干秸秆，以降低棚内过高的空气湿度；及时清除病叶、病果，放置指定地点进行无害化处理，减少传播源；发病初期选用低毒、低残留的药剂及时防治；应多采用喷施粉尘药剂与烟雾熏蒸的方法来防治病虫害，尽量不用常规喷雾方法施药，以降低棚内湿度。并且要严格遵守施药后安全采收间隔期的规定，确保产品的安全。

防治番茄叶霉病，于发病初期施药，每隔7～10天用药1次，注意药剂轮换，每种药剂最多使用2～3次。药剂可以每667米^{2}选用0.5%小檗碱水剂187～280克，47%春雷·王铜（加瑞农）可湿性粉剂94～125克，10%多抗霉素（宝丽安）可湿性粉剂100～140克，或10%氟硅唑水乳剂40～50毫升。

番茄叶霉病

防治瓜类白粉病，可以每667米^{2}使用1 000亿孢子/克枯草芽孢杆菌（依天得）可湿性粉剂56～84克喷雾，施药时注意叶面、叶背均匀喷雾，宜在晴天傍晚或阴天用药；也可选用8%氟硅唑微乳剂50～60毫升喷雾，每10～15天施药1次，共计2～3次；或50%醚菌酯（翠贝）水分散粒剂13～20克，视病情每7～10天施药1次，连续施药2次为宜。

西葫芦白粉病

 贮存菜管理和出售

　　大白菜、萝卜、胡萝卜、芹菜等贮存蔬菜要陆续出窖，整修出售。对于活窖贮存的大白菜整修后即可上市，埋藏贮存的大白菜、芹菜、菠菜等要用出窖后逐渐升温回暖的方法，不要出窖后立刻放到温度高的环境快速回暖，以防降低商品性。并经常检查贮存温度是否适宜，保温措施是否得当，如温度过低或过高，应及时增减覆盖的土层厚度或保温材料。活窖贮存的大白菜要定时倒菜，及时去除黄叶和烂叶。

 有机肥料堆制

　　做好有机肥的堆制工作。将已准备好的鸡粪、猪粪、羊粪等未经腐熟的有机肥，每立方米掺入5 ~ 10千克加速腐熟的菌种，每隔15天翻倒1次，使其在施用时达到充分腐熟、细碎的标准。有机肥源不足的，应提前购买质量好的商品有机肥。为提高蔬菜产品的品质，以施用充分腐熟加生物菌的羊粪效果最好，番茄、黄瓜等瓜果类蔬菜每667米^{2}用量在3 000千克以上，油菜、生菜等叶类蔬菜每667米^{2}用量在1 500 ~ 2 000千克。

雨水篇

雨水是二十四节气中的第二个节气，在每年2月18日至20日之间，太阳到达黄经330°时。"雨水"表示两层意思：一是天气回暖，降水量逐渐增多了；二是在降水形式上，雪渐少了，雨渐多了。

雨水节气以后，我国南方地区降雨开始，雨量渐增；北方地区温度逐步升高，光照渐强，每天日照时数逐渐延长，但仍会出现寒潮。根据雨雪来预测后期天气的农谚，如"雨水落了雨，阴阴沉沉到谷雨"。雨水节气是春季蔬菜育苗和温室早春茬蔬菜定植的关键时期，要重点做好设施蔬菜的管理和育苗以及有机肥料堆制准备工作。

日光温室早春茬喜温蔬菜定植

番茄、黄瓜、茄子、辣椒等喜温性蔬菜2月中下旬正是定植适期，要抓好以下工作。

1.**选择最佳定植时机** 要在温室内最低气温连续5天稳定在10℃以上，10厘米地温稳定在13℃以上时定植。还要选择"冷尾暖头"的晴天时机定植，即冷空气即将过去、暖空气马上到来的时机。

早春日光温室茄子定植

2.**提前整地施肥** 应提前15天左右整好地施好基肥。要提高整地和定植质量，施足有机肥做基肥。每667米²施用腐熟细碎的优质有机肥5 000千克以上或生物有机肥3 000千克，做成高出地面20厘米的高畦，根据不同作物确定畦间距，一般番茄和黄瓜按照1.4～1.5米间距做成小高畦，畦面宽80～90厘米，畦沟宽50～60厘米，大小行的种植方式，大行1.0～1.1米，小行40～50厘米。做畦后铺设滴灌管覆盖银灰色地膜，没有滴灌设施的在畦面两行之间挖一条三角形浇水沟，上覆地膜，采取膜下暗灌的浇水方式，有利于提高地温和降低棚室内湿度。

3.**定植密度合理** 根据不同作物和品种来决定定植的密度，普通番茄、黄瓜品种为每667米²栽3 000～3 300株；平均行距70～75厘米，株距

黄瓜膜下暗灌

30～35厘米。樱桃番茄、进口番茄和水果型黄瓜品种每667米²栽2 200株左右，平均行距75厘米，株距40厘米。

4. 保证定植质量　要选择大小一致的壮苗定植，每一沟内两行要栽在同一水平线上，尽量少伤根。番茄、茄子等茄果类作物要适当深栽，覆土高于苗坨2厘米左右；黄瓜、冬瓜等瓜类蔬菜要浅栽，以覆土与苗坨相平为宜。定植以后及时浇水，如定植时地温偏低可采用点水方法，过5～7天再浇足定植水。另外，定植时在行间每畦多栽4～5棵，以备补苗用。

培育壮苗

1. 春季大棚瓜类育苗　早春茬大棚种植的黄瓜、西葫芦、南瓜、冬瓜、

西瓜嫁接苗

西瓜、甜瓜等瓜类作物，北京的大兴、顺义及华北地区的平原地区2月中旬播种育苗，3月下旬定植；密云、怀柔、延庆等北部山区在2月下旬播种育苗，4月上旬定植。采用50穴的塑料穴盘或8厘米×8厘米规格的营养钵育苗，以草炭、蛭石为基质。若地温低于15℃，应安装地热加温线和温控仪来增加地温。黄瓜宜选用早熟、品质好、抗

病性强的中农12号、京研118等品种。冬瓜宜选用早熟、品质好的一串玲4号。西葫芦宜选用京葫5号、京莹等品质好的早熟品种。南瓜可选择栗味南瓜品种京红栗、京绿栗。小型西瓜可选择超越梦想、锦秀等品质好、早春低温易坐果品种。甜瓜可选择一特白、伊丽莎白等甜度高的早熟品种。西甜瓜和黄瓜等瓜类作物最忌重茬，早春设施栽培最好采用嫁接苗，西瓜砧木品种可选择京欣砧4号或京欣砧优，黄瓜砧木品种选择京欣砧5号，大力推广嫁接育苗的方式，增强植株的抗寒性和抗病能力。

2.**春露地茄果类育苗** 露地地膜覆盖种植的辣椒、番茄、茄子等茄果类作物在2月下旬育苗，4月下旬定植。利用采光、保温性能好的日光温室育苗，番茄等采用50穴或72穴塑料穴盘或6厘米×6厘米规格的营养钵育苗，选用无土育苗专用基质，也可用草炭、蛭石自己配制基质，比例为2∶1，每立方米基质加入生物有机肥30千克。若地温低于15℃，应安装地热线和温控仪来增加地温。茄子宜选用早熟、品质好、抗病性强的京茄1号等优良品种。做好种子温汤浸种和药剂浸种，选择在晴天播种，每穴点播1粒种子，在穴盘的每盘边缘5～6穴播2粒种子，以便于补苗用。

番茄穴盘育苗

3.**幼苗管理** 以前已经育出的茄果类、瓜类和叶类等蔬菜苗，应加强苗床管理。第一，普通苗床育苗方式的幼苗要及时分苗，提倡采用营养钵护根分苗。第二，要特别注意及时调节适宜的温度，精心呵护，做好防寒保温，尤其是遇到倒春寒天气，保证地温在16℃以上尤为重要，采取安装地热线和电暖气、加温燃烧块等临时加温措施，确保幼苗不受冻。第三，必须将番茄、黄瓜等喜温作物与生菜、芹菜等耐寒作物分开码放在不同的温度区域，并且每隔1周调换一次苗盘的位置，以使幼苗生长均匀。保持夜温不低于13℃，番茄和甘蓝的幼苗尤为重要。第四，出苗以后应尽量保证幼苗较强的光照，并使其多见光，推广安装补光灯来人工补光，阴天每天开启12小时左右，晴天放草苫后开启4～5小时。第五，做好浇水、追肥和叶面喷肥管理。此时气温尚低，应在棚内放蓄水桶，待3天以后水温升至18℃以上时再浇，每隔7天左右叶面喷肥一次，可选用雷力海藻酸肥或磷酸二氢钾。

冬季育苗增设补光灯

 温室春茬萝卜等蔬菜播种育苗

2月中下旬是日光温室早春茬大白菜、白萝卜和其他萝卜播种适期。大白菜若采取育苗移栽的方式，可在1月中旬育苗，2月下旬定植。大白菜宜选择品质佳、生长期短、耐寒性强的京春黄2号品种。白萝卜宜选择春化要求比较严格、抽薹迟、不易空心的春玉大根等品种。注意出苗后夜温不低于13℃，以防春化抽薹。提前10天左右施肥整地，每667米²施用充分腐熟、细碎的优质有机肥5米³左右或生物有机肥3 000千克，萝卜做成高出地面20厘米的高畦，行距55～60厘米，株距20厘米，每667米²栽5 500株左右；白菜做成双行小高畦，平均行距55～60厘米，株距30～33厘米，每667米²栽3 500株左右。做畦后覆盖地膜，播种时墒情要适宜。

 ## 温室越冬蔬菜日常管理和采收

　　雨水节气正是越冬茬蔬菜管理的关键时期，首先要做好保温防寒，随时注意天气变化，以防寒流和连阴天气对作物造成伤害，必要时要采取浴霸、加温燃烧块或电热鼓风炉等临时加温措施。并且要勤擦洗棚膜，增强透光率。第二要及时整枝打杈和落蔓掐尖，辅助授粉，疏去多余的花蕾和果实。第三要科学浇水和追肥，追肥应以随滴灌施用营养全面、配比合理的圣诞树等速溶肥为宜，也可随水施用氮磷钾全面的海藻酸类或腐殖酸类有机液肥。宜在温室内设置蓄水池或蓄水缸（桶），将灌溉水存放2～3天，待水温升高至18℃左右后再浇水，还要注意小水勤浇。温室内蔬菜要避免大水漫灌，以防地温骤降而影响根系生长和吸收水分、养分。第四要及时采收，在最佳商品期采收，蔬菜不仅要鲜嫩，外观还要漂亮整齐，以提高商品附加值。

浴霸加温

病虫害防治

雨水节气棚内早晚气温仍旧较低，夜间湿度较大，植株表面容易结露，造成灰霉病、菌核病、黄瓜霜霉病、番茄晚疫病等病害发生。应首先调节适宜的生长环境条件，增温和补光尤为重要，阴天也要在中午短时间放风排湿，并在行间撒一层干锯末或干秸秆，以吸取棚内过多的湿气。及时清除病叶、病果，放置指定地点进行无害化处理，减少传播源。发病初期选用低毒、低残留的药剂及时防治。应多采用喷施粉尘药剂与烟雾熏蒸的方法来防治病虫害，尽量不用常规喷雾方法施药，以降低棚内湿度。并且要严格遵守施药后安全采收间隔期的规定，确保产品的安全。

草莓灰霉病

防治草莓灰霉病。午后适当延长放风时间，棚内湿度控制在70％以下，防止出现低温高湿状态。发现病花、病果应及时摘除，发病前或发病初期每667米²选用1 000亿孢子/克枯草芽孢杆菌（依天得）可湿性粉剂40 ～ 60克，50％啶酰菌胺（凯泽）水分散粒剂30 ～ 45克喷雾，连续用药3次，间隔7 ～ 10天。

晴好天气中午前后棚内气温较高，适宜草莓红蜘蛛等害虫滋生，应密切监测害虫数量，及时防治。害虫发生初期可人工释放捕食螨控制害螨数量，也可选用对蜜蜂、捕食螨等有益生物安全的43％联苯肼酯（爱卡螨）悬浮剂，每667米²用量10 ～ 25毫升喷雾。由于该药剂没有内吸性，为保证药效，喷药时应保证叶片两面及果实表面都均匀喷到。或使用0.5％藜芦碱（螨维）可溶液剂，每667米²用量120 ～ 140克、0.5％伊维菌素乳油500 ～ 1 000倍液喷雾防治，注意这两种药剂对蜜蜂有毒，尽量避开花期使用或施药时将授粉用蜂箱移出棚室。为防止叶螨产生抗药性，每季同种药剂使用次数不宜超过2次。

释放捕食螨防治红蜘蛛

 ## 贮存菜管理和出售

　　大白菜、萝卜、胡萝卜、芹菜等贮存蔬菜要陆续出窖，整修出售。对于活窖贮存的大白菜，整修后即可上市；埋藏贮存的大白菜、芹菜、菠菜等，要采取出窖后逐渐升温回暖的方法，不要出窖后立刻放到温度高的环境快速回暖，以防降低商品性。并经常检查贮存温度是否适宜，保温措施是否得当，温度过低或过高必须及时增减覆盖的土层厚度或保温材料。活窖贮存的大白菜要定时倒菜，及时去除黄叶和烂叶。

 ## 有机肥料堆制

　　将已准备的鸡粪、猪粪、羊粪等未经腐熟的有机肥，每立方米掺入5 ～ 10千克加速腐熟的菌种，每隔15天翻倒1次，使其在施用时达到充分腐熟、细碎的标准。千万不要直接使用未腐熟的有机肥，以免造成沤根、烧苗和地下害虫发生严重的不良后果。有机肥源不足时，要提前购买质量好的商品有机肥。为提高蔬菜产品的品质，宜多施用充分腐熟加生物菌的羊粪。番茄、黄瓜等瓜果类作物每667米^{2}用量在3 000千克，油菜、生菜等叶类作物每667米^{2}用量在1 500 ～ 2 000千克。

惊蛰篇

　　惊蛰是二十四节气中的第三个节气，在每年的3月5日至7日之间，太阳到达黄经345°时。"蛰"是藏的意思。"惊蛰"是指春雷乍动，惊醒了蛰伏在土中冬眠的动物，自然界重现其应有的生机。

　　"春雷响，万物长"，惊蛰节气说明严冬已经过去，天气回暖，气温逐渐升高，每天日照时数逐渐变长。有句农谚"惊蛰一犁土"，说明从此以后菜田农事活动陆续繁忙起来。惊蛰节气是大棚和露地蔬菜育苗管理重要时期，日光温室越冬茬口和早春茬口已定植蔬菜要加强管理，大棚生菜、芹菜、甘蓝等耐寒性蔬菜开始定植。农谚说，"冬虽过，倒春寒，万物复苏很艰难"。此时虽然气温正在回升，但天气仍反复无常，给菜田农事活动带来很多不便。乍暖还寒的天气对已萌动和返青生长的根茬菠菜、小葱等作物有危害，要特别注意"倒春寒"等低温寒害。

播种育苗和幼苗管理

1. 露地瓜类作物播种 华北地区露地春茬的黄瓜、南瓜、西葫芦、冬瓜、苦瓜、西瓜等瓜类作物3月上中旬正是播种育苗的适期，在4月下旬至5月初定植。黄瓜宜选用早熟、品质好、抗病性强的中农8号、中农16号。南瓜选用口感干面的京红栗、京绿栗等栗味优良品种。西葫芦选用早熟、抗寒性好、抗病性强的京葫36号品种。冬瓜选择车头、一串铃等品种。西瓜选用早熟、品质好、产量高的京欣、华欣系列品种。育苗采用32穴或50穴的塑料穴盘育苗，也可用8厘米×8厘米规格的营养钵育苗，选用质量好的育苗专用营养土，还可以用草炭、蛭石按2：1比例配制营养土。提前做好种子消毒和浸种工作，选晴天点种，播种后覆盖一层蛭石，根据种子籽粒大小决定覆盖厚度，做到薄厚一致，用木板轻轻压实。西瓜和黄瓜最好采用嫁接苗，西瓜砧木品种可选择京欣砧4号、京欣砧优，黄瓜砧木品种选择京欣砧5号，采用贴接法嫁接，砧木比接穗晚播4～6天为宜。

配制营养土

2. 幼苗管理 普通苗床育苗方式的幼苗在2叶1心时要及时分苗，提倡采用营养钵护根分苗。要特别注意调节适宜的温度和光照，精心管理幼苗，首先做好防寒保温，尤其是遇到极端寒冷天气，保持适宜的地温尤为重要，采取电暖气、加温燃烧块等临时加温措施，确保幼苗不受冻。必须将番茄、黄瓜等喜温的作物与生菜、芹菜等耐寒的作物分开码放在不同的棚室或不同温度区域。并且每隔1周左右调换一下苗盘的位置，以使幼苗生长均匀。保持夜温不低于13℃，番茄和甘蓝的幼苗尤为重要：番茄幼苗2叶1心以后进入花芽分化时期，13℃以下的低温环境下容易产生畸形果实；甘蓝在6叶期左右遇低温容易出现早期抽薹的现象。出苗以后应尽量保证幼苗较强的光照，并使其多见光，推广安装补光灯进行人工补光，在阴天每天开启12小时左右，晴天晚上放草苫后开启4小时。在幼苗2叶1心以后及时浇水追肥，注意预防育苗棚内中午高温造成的焖苗现象，温度超过30℃注意开风口降温，同时要做好苗期病虫害防治工作。

对于西瓜和黄瓜等需要嫁接的幼苗管理更为重要，一般在砧木播种1周后开始嫁接，嫁接最适期以砧木第一片真叶出现刚刚展开，接穗两片子叶刚展开到完全展开为最佳。嫁接后3～4天完全密闭，尽量避光，温度保持在28～32℃，相对湿度保持在80%以上促进成活。5～6天后开始通风换气，防止徒长。嫁接成活后到定植期间，苗床温度白天控制在25～28℃，夜间13～15℃，以保证幼苗健壮和花芽的健康分化，适当降低夜温有利于快速缓苗。

黄瓜嫁接　　　　　　　　　　　　番茄嫁接后避光管理

3.定植前低温炼苗　定植前5～7天调低育苗棚白天和夜间的室温5℃左右进行低温炼苗，以适应幼苗运输和定植后棚室的环境。

 春大棚耐寒蔬菜定植与播种

1.定植　华北平原地区春大棚以及小拱棚种植的生菜、芹菜、花椰菜（菜花、花菜）、甘蓝等耐寒蔬菜3月上旬是定植适期。要施足基肥，每667米^{2}施用充分腐熟、细碎的优质有机肥3 000千克，或生物有机肥2 000千克。要精细整地，做到地平、畦平、垄直，表层土壤疏松，没有明暗坷垃，定植时密度适宜，深浅一致。春大棚栽培结球生菜株行距25厘米×50厘米，适宜密度每667米² 5 000株左右；芹菜株行距18厘米×20厘米，适宜密度每667米² 18 000株左右；花椰菜株行距50厘米×50厘米，每667米² 2 500株左右；甘蓝株行距30厘米×50厘米，适宜密度每667米² 4 500株左右。

2.**播种** 油菜、茼蒿、菠菜、香菜（芫荽）、小白菜、樱桃萝卜

春大棚生菜定植

等快熟蔬菜此期正是播种的适宜季节。黏质土壤的棚室先浇底墒水，待水渗后再均匀播种；偏沙质土壤和壤土的棚室可先播种，后浇水。覆土薄厚要一致。覆盖一层地膜以保温保湿，出苗50%后及时撤膜。出苗后加强生长期管理，种出鲜嫩、安全的产品以供应春季淡季市场。

日光温室日常管理

1.**越冬茬管理** 此期正是日光温室越冬茬黄瓜、番茄、西葫芦等作物管理的关键时期，也是争取产量和效益的关键时期。首先要做好调节适宜的温度和光照，随时注意天气变化，以防倒春寒和连阴天气对作物造成的伤害，并且要勤擦洗棚膜，增强透光率；第二要及时整枝打杈和落蔓掐尖、辅助授粉，及早疏去多余的花蕾和果实；第三要科学浇水和追肥，追肥应以随滴灌施用营养全面、配比合理的圣诞树等速溶肥为宜，也可随水施用氮磷钾全面的海藻酸类或腐殖酸类有机液肥，要推广水肥一体化

擦拭棚膜

23

日光温室黄瓜吊绳

灌溉方式，以小水勤浇为宜，避免大水漫灌，以防地温骤降影响根系生长和吸收水分、养分；第四要及时采收，在最佳商品期采收，春节前后正是市场需求量大、价格高的季节，更是要求蔬菜鲜嫩整齐，所以要提高整修质量，提高商品价值。

2.早春茬管理 日光温室早春茬定植的番茄、黄瓜、茄子、辣椒等喜温性作物已进入植株生长期，即将陆续进入开花坐果期。首先要调节适宜的温度、光照和水分等生长环境，白天适宜温度23～28℃，夜间15～18℃；经常擦洗棚膜使作物尽量多见光；第二要及时吊蔓、绑蔓、整枝打杈；第三要适时浇水、追肥，一次水量不宜过大，要小水勤浇，缓苗过后可随水追肥，肥料最好选用水溶性好的圣诞树速溶肥随水施入，每立方米水加入水溶肥1～1.5千克，每667米²每次使用水溶肥3～5千克；第四要在番茄、茄子开花期适时采取辅助授粉措施促进坐果，并及早疏去过多的果实和畸形果实。

病虫害防治

随着温度的不断升高，棚内高湿生长环境容易感染发生灰霉病、菌核病、霜霉病、晚疫病、猝倒病和蚜虫、白粉虱、根结线虫等病虫危害。应首先调节适宜的生长环境条件，排湿和补光尤为重要，阴天也要在中午短时间放风排湿；发病初期选用低毒、低残留的药剂及时防治；应多采用喷施粉尘药剂与烟雾熏蒸的方

西瓜苗期猝倒病

法来防治病虫害，尽量不用常规喷雾方法施药，以降低棚内湿度。并且要严格遵守施药后安全采收间隔期的规定，确保产品的安全。

播种和定植前土壤处理有助于预防猝倒病、立枯病、菌核病、枯萎病、根结线虫病等土传病害发生，可选用15%噁霉灵水剂5～7克/米^{2}等药剂进行土壤处理；也可使用30%多·福可湿性粉剂10～15克/米^{2}与15～20千克细土混匀，1/3撒于苗床底部，2/3盖在种子上面。使用98%棉隆微粒剂50～60克/米^{2}处理时，步骤如下：施药前先整地松土，浇水湿润土壤，保湿5～7天，湿度保持在40%～70%；播种前7～14天施药，可撒施、沟施、条施等；施药后立即混匀土壤，深度为20厘米；混土后再次浇水，湿润土壤，立即覆上塑料膜，用土封严实，以避免棉隆产生气体泄漏。覆膜消毒时间、揭膜通气时间和土壤温度有关，温度越低所需时间越长，土壤温度为10℃时需覆膜12天，通气10天。处理后应通过发芽安全测试，才可栽种蔬菜。定植前还应进行棚室表面消毒，预防灰霉病、白粉病、霜霉病等气传病害和烟粉虱、蓟马、红蜘蛛、蚜虫等小型害虫发生。

可选用广谱性杀菌剂10%苯醚甲环唑（世高）水分散粒剂，每667米^{2}用量80～100克、杀虫剂1.8%阿维菌素（爱福丁）乳油每667米^{2}用量4 080毫升对棚膜、墙壁、立柱、缓冲间（耳房）进行喷雾消毒。或选择30%百菌清烟剂每667米^{2}用量167～267克，15%敌敌畏烟剂每667米^{2}用量500～600克对棚室进行熏蒸，熏蒸时选择无风天气，每个棚室设4～6个放烟点，将药剂放置于过道或用石头垫起，由里向外用暗火逐个点燃，放烟后关闭门窗6小时以上再通风。

棚室消毒

春大棚施肥整地

早春茬番茄、黄瓜等喜温作物在3月下旬定植，要提前15天施肥整地，为定植做准备。首先做好清洁田园减少病虫害发生源，将上茬残株烂叶和杂草及时清除干净，运到指定地点进行臭氧消毒或高温堆肥等无害化处理。每667米^{2}施用腐熟、细碎优质有机肥5 000千克或商品生物有机肥3 000千克，耕深25~30厘米。将地整平整细，达到地平、畦平、没有明暗坷垃的标准。喜温果类菜生产按照1.4~1.5米的间距做成高畦，畦面宽70~80厘米，畦沟宽70厘米，畦面高出地面15~20厘米，畦面铺设滴灌管覆盖银灰色地膜，等候温度适宜的时机定植。

春大棚整地做畦

 ## 露地豌豆等蔬菜播种

农谚有"豌豆大麦不出九"的说法。要提前整地施肥，每667米^{2}施用腐熟、细碎的优质有机肥3 000~4 000千克，精细整地。露地豌豆、蚕豆等采取条播方式播种，做到撒种均匀，覆土薄厚一致。

 ## 越冬根茬菜管理

越冬的小葱、菠菜等根茬蔬菜开始逐渐返青，应进行中耕、松土等管理，并做好浇水追肥的准备工作。

 ## 贮存菜出售

大白菜、萝卜、胡萝卜、芹菜等贮存蔬菜要陆续出窖，整修出售。活窖贮存的大白菜，整修后即可上市；埋藏贮存的大白菜、芹菜、菠菜等，出窖后要采取逐渐升温回暖的方法，以防降低商品性。

春分篇

　　春分是二十四节气中的第四个节气，古时又称为"日中""日夜分"，在每年的3月20日至22日之间，太阳到达黄经0°时。春分的意义，一是指一天时间白天黑夜平分，各为12小时；二是古时以立春至立夏之间为春季，春分节气正当春季三个月之中，平分了春季，故为"春分"。

　　春分时节，严寒已经逝去，进入明媚的春季，气温回升较快，华北地区日平均气温升至10℃以上，日照时间延长，光照充足，有利于设施内各种蔬菜作物的生长和发育。俗话说，"春雨贵如油"，说明此时降水少，抗御春旱是农业生产上的主要工作之一。农谚说，"春分地气通"，说明大地已经化冻，正值春大棚喜温蔬菜定植、耐寒作物播种，日光温室各类蔬菜管理和露地耐寒蔬菜定植和越冬根茬菜管理的繁忙季节。此时虽然气温回升很快，但在春分后易发生"倒春寒"天气，对日光温室、大棚的蔬菜生产及露地早熟蔬菜生产都可能产生不同程度的伤害，需提前做好日光温室和大棚的倒春寒预防工作。

设施蔬菜生产

1.春大棚喜温作物定植 春分节气正值番茄、辣椒、茄子、黄瓜等喜温蔬菜定植适期。

（1）适宜定植时机 北京的大兴、通州、顺义等华北平原地区定植适期

二层幕覆盖保温

在3月25日前后，而延庆、怀柔、密云等北部高海拔山区在4月上旬。要关注天气变化，选"冷尾暖头"的晴天定植，番茄、茄子等茄果类作物在10厘米地温稳定在13℃以上即可定植，而黄瓜、冬瓜等瓜类作物在10厘米地温稳定在15℃以上时才能定植。此时观察杨树花已经长出，说明温度已经升高，可以定植喜温作物。如遇幼苗过大而地温尚低需提早定植时，可采取多层覆盖农膜的方法来提高棚内温度。

（2）提前施肥整地 提前15天施肥整地做好畦，每667米²施用腐熟、细碎的优质有机肥5 000千克或生物有机肥3 000千克。有机肥3/4在耕地前铺施均匀，1/4在做畦前撒施，耕翻深度25厘米以上， 精细整地，做到耕深、耕透、地平畦平，没有明暗坷垃。按不同作物来做畦，番茄按1.4～1.5米的间距做成高畦，畦垄宽70～80厘米，畦沟宽70厘米，畦面高出地面15～20厘米，畦长6～8米，畦垄上覆盖银灰色地膜。

（3）密度合理 每畦定植2行，采取大小行的方式，大行100～110厘米，小行40～50厘米，平均行距70～75厘米，株距因品种而不同，金棚11号、仙客8号等普通粉果番茄品种株距30～33厘米，每667米²栽3 000株左右；欧冠、普罗旺斯等进口红果品种和千禧、摩斯特等樱桃番茄品种株距35～40厘米，每667米²栽2 000～2 200株。

（4）保证定植质量 要选择大小一致的壮苗定植，每畦2行要栽在同一水平线上，要尽量少伤根。做到深浅适宜，番茄、茄子等茄果类作物要适当深栽，覆土高于苗坨2厘米左右；黄瓜、冬瓜等瓜类蔬菜要浅栽，以覆土与苗坨相平为宜。定植以后及时浇水，如定植时地温偏低可采用点水方法，过

5～7天再浇足定植水。另外，定植时每畦在行间多栽3～5棵，以备补苗用。

小拱棚覆盖保温

2.日光温室瓜果类蔬菜日常管理　日光温室越冬茬和早春茬种植的番茄、黄瓜、茄子等喜温作物正值开花结果期，田间管理好坏直接影响其产量和品质。

（1）调节适宜的温度和湿度　随时注意天气变化，通过开闭风口来调节温湿度，白天适宜温度23～30℃，夜间15～18℃；阴天的白天温度适当降低5℃左右，并加强通风换气。根据不同作物调节不同的室内湿度，番茄、茄子适宜室内湿度为45％～50％，甜辣椒和黄瓜适宜室内湿度为60％～80％，甜辣椒在晴天上午可采取行间喷水的方法来增加室内湿度。

（2）增加光照　晴天在保证棚内温度适宜的情况下，保温被或草苫尽量上午早拉开，下午晚放，延长每天的光照时间，并经常擦洗棚膜，提高透光率。

（3）水肥的科学管理　根

日光温室番茄

据天气情况、植株长势和土壤情况来浇水追肥，追肥应推广水肥一体化技术，以随滴灌施用营养全面、配比合理的圣诞树等速溶肥为宜，番茄膨果期应追施氮磷钾含量为16：8：34的高钾圣诞树速溶肥每667米² 5～8千克；也可随水施用氮磷钾全面的海藻酸类或腐殖酸类有机液肥；宜小水勤浇，避免大水漫灌，以防土壤水分过多影响根系正常吸收水分和养分。

膜下滴灌

（4）植株和果实管理 及时吊蔓、落秧、整枝和打杈，去除下部黄叶、老叶。番茄和黄瓜适宜每株保留16片左右功能叶，才能保证植株生长和果实膨大的光合产物需求。番茄、茄子及时采用振荡授粉器辅助授粉，也可采取每667米²释放2箱熊蜂辅助授粉方式；若使用丰产剂二号等生长调节剂蘸花或喷花时，应根据不同室温来配制不同浓度，防止浓度过高而形成畸形果实。番茄应在每穗花开放3～4朵花时再采用振荡授粉器或调节剂喷花，因在刚开放1～2朵花时喷花，会使这穗仅结1～2个果而影响产量。

熊蜂授粉

（5）做好病虫害防治 越冬茬和早春茬蔬菜应注意预防黄瓜霜霉病、白粉病、细菌性角斑病，番茄灰霉病、叶霉病和晚疫病等病害发生。优先采用安装防虫网阻隔害虫进入棚内，和悬挂粘虫黄板等物理方法来预防；发生时优先选用生物农药或低毒高效农药来防治，并严格执行施药后安全间隔期的规定。防治细菌性角斑病，应选用抗病品种，播前用0.1%盐酸浸种后用清水洗净再催芽播种。在病害发生初期采用46%氢氧化铜（可杀得叁千）水分散粒剂每667

米²用量70 ~ 87.5克，3%中生菌素可湿性粉剂每667米²用量80 ~ 110克，或20%噻菌铜（龙克菌）悬浮剂每667米²用量83.3 ~ 166.6克喷雾防治。

黄瓜霜霉病

 露地蔬菜生产

1.露地耐寒性蔬菜的定植

（1）**定植适期** 露地甘蓝、花椰菜、莴笋、生菜等甘蓝类及耐寒性蔬菜的定植适期，北京大兴、通州、顺义等平原地区在3月下旬，延庆、怀柔、密云等高海拔山区在4月上旬，菜农可以参照春大棚喜温作物定植时间。可采取用地膜"先天后地"的覆盖方法来提高温度，即先在地面用竹竿搭成高出地面15 ~ 20厘米的拱棚，拱棚上覆盖地膜，等温度升高时再撤去竹竿变为地膜。

（2）**提前炼苗** 在定植前5 ~ 7天低温炼苗，将苗床温度调低5 ~ 8℃，白天15℃左右，夜间6 ~ 8℃，以提高幼苗的适应能力。

（3）**提高定植质量** 要选择大小一致的壮苗定植，栽时要尽量少伤根，做到深浅一致，密度合理。一般中甘21结球甘蓝品种和射手101结球生菜品种每667米²栽4 000 ~ 5 000株，花椰菜品种白雪、青花菜（绿菜花、西兰花）品种优秀和紫甘蓝品种紫甘2号等每667米²栽2 500 ~ 3 000株，定植以后及时浇足水。

2.早熟菜的播种 樱桃萝卜、小水萝卜、茼蒿、茴香、菠菜等叶类和根茎类蔬菜在3月底至4月上旬正是播种适期。要提高整地质量，每667米²施用腐熟、细碎的优质有机肥3 000千克做底肥，采用条播或撒播的播种方式，浇足底墒水，播种后覆盖地膜，待出苗70%时撤去，还可采取用竹竿搭拱棚覆盖农膜来提高温度，这样可以提早10天播种。

3.苗期管理 露地种植的茄子、辣椒、黄瓜、南瓜、冬瓜等作物正值幼苗管理期，春分时节天气变化无常，温度时高时低，要特别注意随时调节适宜的温度，精心呵护，确保幼苗在适宜的环境条件下生长。必须将番茄、黄瓜等喜温作物与生菜、芹菜等耐寒作物分开码放在不同的温度区域，喜温类作物白天适宜温度23 ~ 28℃，夜间15 ~ 18℃，耐寒类作物白天20 ~ 23℃，夜间10 ~ 12℃，并且每隔1周左右调换一次苗盘的位置，以使幼苗生长均匀。经常清扫和擦洗棚膜，使幼苗多见光。根据天气情况、苗子

西瓜苗猝倒病株

的长势来浇水，在幼苗2～3片真叶以后及时追肥。

刚播种的蔬菜应加强管理，合理调节温度和湿度，适当控水，提高地温，否则遇到光照不足、通风不良，长时间处于低温高湿状态，在土壤未做药剂处理的情况下容易诱发苗期猝倒病。发现病苗后及时清除，人工加热提升苗床温度至25℃以上，必要时配合药剂防治，可使用3亿孢子/克哈茨木霉菌可湿性粉剂4～6克/米^{2}对水灌根，30%精甲·噁霉灵水剂每667米^{2}苗床用30～45毫升喷雾，或播种时、移栽前每平方米苗床使用722克/升霜霉威盐酸盐（普力克）水剂5～8毫升浇灌。

4.越冬根茬蔬菜的管理 露地种植的菠菜、小葱、韭菜等越冬根茬菜要及时中耕松土，去除枯叶，并在3月下旬及时浇水、追肥。韭菜正是地下害虫韭蛆发生时期，可采取防虫网覆盖阻隔成虫进入的方法来预防虫害，并首先选用辣根素等生物农药来防治，也可选用安全低毒的75%辛硫磷500倍液等农药灌根防治，严格禁止使用高毒农药，并严格执行施药后安全间隔期的规定，确保产品的安全。

 倒春寒预防

倒春寒对日光温室和大棚的蔬菜生产及露地早熟蔬菜生产，都可能产生不同程度的伤害，从而造成烂根、死苗、落花落果等各种损失。因此，对于日光温室和大棚的倒春寒现象必须加以警惕，并及早作好倒春寒预防工作。

一是提高日光温室和大棚内蔬菜本身的抗逆性、抗寒性、抗病性。茄果类蔬菜苗在定植前5～7天，进行低温炼苗。二是培育壮苗，尽量大苗龄定植，根据定植期推算播种期，适时早播，延长日光温室和大棚幼苗的生育期，培育出组织器官健全的壮苗。三是早春季节要注意收看天气预报，在倒春寒来临前，提前在大棚外两侧加盖草帘，温室前和大棚两侧设裙膜，或在大棚与小拱棚之间再搭一层薄膜，可很好地防止倒春寒对菜苗的冻害。

清明是二十四节气中的第五个节气，在每年的4月4日至6日之间，太阳到达黄经15°时。清明有冰雪消融，草木青青，天气清澈明朗，万物欣欣向荣之意。

清明时节，气温升高，光照充足，每日光照时数达13小时以上，日平均气温已升到10℃以上，光照时间明显长于冬季，北方大地到处是一片繁忙的春耕景象。农谚说"清明前后种瓜点豆"，说明蔬菜生产正是大忙季节。此时正是露地快熟菜播种和定植，大棚和温室蔬菜的管理，以及越冬根茬菜采收上市的季节。

露地耐寒蔬菜播种和定植

1.**白菜、萝卜播种** 华北平原地区露地春茬的大白菜、萝卜、胡萝卜是播种适期。大多数人喜食的韭菜也开始播种育苗。要施足基肥、精细整地，每667米² 施用腐熟、细碎的优质有机肥3 000千克或商品生物有机肥2 000千克。大白菜选用早熟、适宜春季种植的京春白2号、京春黄2号等品种，提前30天育苗，在4月下旬至5月初定植。白萝卜选用耐抽薹、品质好的春玉等品种。胡萝卜选用适合春季种植的红映2号等品种。韭菜选用优质高产的海韭系列品种。白菜、萝卜定植整成高畦，胡萝卜和韭菜播种做成平畦，做到土壤墒情适宜、播种时采用条播，撒种均匀，覆土深浅一致。白菜、萝卜可采用在设施内先育苗露地定植的方式，4月初育苗，4月底定植，高海拔山区比平原地区晚15～20天。采用108穴塑料穴盘育苗，选用质量好的育苗专用营养土，还可以自己配制基质，比例为草炭、蛭石2∶1，选晴天点种，播种后覆盖一层蛭石，根据种子籽粒大小决定覆盖厚度，做到薄厚一致，播后浇水，用白色透明塑料地膜覆盖在育苗盘上，出苗后揭开，1个月后即可露地定植。

2.**露地种植的豇豆、菜豆播种** 此期正值露地豇豆、菜豆播种适期，3月下旬开始整地，要施足基肥，每667米² 施用腐熟、细碎的优质有机肥3 000千克或商品生物有机肥2 000千克，旋耕后耙平，按1.4～1.5米间距做成高畦，畦面宽70～80厘米，畦沟宽60～70厘米，畦面覆盖地膜后播种2行，平均行距70～75厘米，穴距23～28厘米，每穴播种2～4粒，每667米² 种植3 200～3 800穴。也可提前15天左右育苗，待幼苗长至1～2片真叶时定植。

3.**露地快熟菜的播种定植** 樱桃萝卜、小水萝卜、茼蒿、油菜、茴香、菠菜等快熟蔬菜要抢早播种，北京大兴、顺义和通州等平原地区播种适期在3月底至4月上旬；北京延庆、密云和怀柔等高海拔山区播种适期在4月上中旬。要提高整地质量，每667米² 施用腐熟、细碎的优质有机肥3 000千克做底肥，做成1.3～1.5米宽平畦，采用条播或撒播的播种方式，浇足底墒水，播种后覆土厚度适宜，然后覆盖地膜，待出苗70%时及时撤去。油菜、芹菜、油麦菜、散叶生菜等叶类蔬菜，提前育苗，在4月上旬定植，应提前整好地、施足底肥，定植后及时浇水。

 春大棚蔬菜管理

早春3月定植的番茄、黄瓜、茄子、甜辣椒等喜温作物应加强管理，可分

春大棚茄子定植后

以下几个阶段来管理。

1.定植后到缓苗期 应以升温保温为主，定植后随时调节适宜的温度，晴天上午使棚温尽量提高，保持在26～30℃，温度达32℃以上时可短时间通风，下午在23～26℃，夜间适宜温度在15～20℃。

2.蹲苗期 缓苗后要有明显的蹲苗过程，进行中耕松土，促进根系生长。控制棚室温度比缓苗期温度略低，白天适宜25～28℃，夜间15～18℃。具体蹲苗时间应根据幼苗的长势和地力因素决定，一般10～15天。要控制浇水、追肥。根据不同作物来调节不同的室内空气湿度，番茄、茄子等作物保持在40%～50%，甜辣椒和黄瓜等瓜类作物在60%～80%。尽量多增加光照。

3.开花期 黄瓜、番茄等爬蔓作物及时吊蔓和绕蔓来固定植株，最好选用银灰色塑料绳来吊蔓，有驱避蚜虫的作用。番茄不要过早打杈，待第一穗花下的分枝长至8厘米时再打去，以免影响根系的生长；水果型黄瓜将

番茄吊绳

第五片叶以下的花蕾及早打去，从第六片叶开始结瓜。番茄、茄子优先采用熊蜂授粉或振荡授粉器辅助授粉方式来促进坐果，也可采用安全的丰产剂2号或果霉宁喷花或蘸花的方式来促进坐果，但一定要掌握好浓度和操作的时机，避免出现畸形果、坐果数过少、果实生长不整齐等现象。

日光温室蔬菜日常管理

清明节气温度升高，光照条件变好，适合各种蔬菜生长发育，大多数作物进入开花结果盛期，正是产量形成的关键时期。

1.调节适宜的温度和湿度 随时注意天气变化，通过开闭风口来调节温度。番茄等喜温作物，晴天的白天适宜温度为23～30℃，夜间为15～18℃。

日光温室黄瓜

芹菜等喜凉爽作物，晴天的白天适宜温度为18～25℃，夜间为10～12℃，阴天的白天温度适当降低5℃左右，并加强通风换气。根据不同作物调节不同的室内湿度，番茄、茄子适宜45%～50%，甜辣椒和黄瓜适宜60%～80%，甜辣椒在晴天上午可采取行间喷水的方法来增加室内湿度。

2.增加光照 晴天在保证棚室内温度适宜的情况下，保温被或草苫尽量上午早拉，下午晚放，延长每天的光照时间，并经常擦洗棚膜，提高透光率。

3.水肥的科学管理 根据天气情况、植株长势和土壤情况来浇水追肥。追肥应推广水肥一体化技术，以随滴灌施用营养全面、配比合理的圣诞树等速溶肥为宜。番茄膨果期应追施氮磷钾含量为16∶8∶34的高钾圣诞树每667米^2 5～8千克；也可随水施用氮磷钾全面的海藻酸类或腐殖酸类有机液肥；以小水勤浇为宜，避免大水漫灌，以防土壤水分过多而影响根系正常吸收水分和养分。

4.植株和果实管理 及时吊蔓、落秧、整枝和打杈，去除下部黄叶、老叶。番茄和黄瓜适宜每株保留16片左右功能叶，才能保证植株生长和果实膨大的光合产物的需求。番茄、茄子及时采用振荡授粉器辅助授粉，也可采取每667米²释放2箱熊蜂辅助授粉方式。若使用丰产剂2号等生长调节剂喷花时，应根据不同室温来配制不同浓度，防止浓度过高而形成畸形果实。番茄应在每穗花开放3～4朵花时再采用振荡授粉器或调节剂喷花，因在刚开放1～2朵花时喷花，会使这穗仅结1～2个果而影响产量。还需及早疏去多余的花和果实。

5.**病虫害防治**　温室内随着温度逐渐升高病虫害发生概率增加，尤其要重点加强蚜虫、烟粉虱、蓟马、白粉虱、斑潜蝇等虫害的早期防治。在温室门口和风口安装孔径

番茄喷花

为0.3毫米的防虫网阻隔害虫进入。棚室内采用悬挂粘虫黄板、蓝板等物理方法用以预防和监测，悬挂时高度宜高于蔬菜顶部叶片生长点5～10厘米，密度为每667米² 15～30块。色板上粘虫较多时应及时更换，以保证诱杀效果。虫害发生较轻时优先选用天敌昆虫、生物农药或低毒高效农药来防治，并严格执行施药后安全间隔期的规定。

蚜虫危害辣椒

防虫网覆盖

防治设施内蚜虫，在虫害发生初期选用1.5%苦参碱可溶液剂每667米^{2}用量30～40克，20%啶虫脒（莫比朗）可溶粉剂每667米^{2}用量6～10克喷雾。也可选用10%异丙威烟剂每667米^{2}用量350～450克点燃放烟，使用时

烟粉虱危害菜豆

宜在傍晚点燃，人员迅速离开温室将其密闭至次日上午，打开通风后人员才能进入棚室。燃放点要和植株保持一定的距离，以免灼伤作物。防治烟粉虱，可使用99%矿物油乳油每667米^{2}用量200～300克喷雾，注意喷药期间应每隔10分钟搅拌一次，防止油水分离；药液应均匀喷施于叶面、叶背、新梢、枝条和果实的表面；当气温高于35℃或土壤干旱和作物缺水时，不要使用该药剂。也可选用22.4%螺虫乙酯（亩旺特）悬浮剂每667米^{2}用量20～30毫升喷雾，于烟粉虱产卵初期施药，每个生长季最多施用1次。或选用10%溴氰虫酰胺（沃多农）悬乳剂每667米^{2}用量40～50毫升喷雾，应在1～3头成虫出现在叶片上时喷药防治。为了避免和延缓抗性的产生，同种药剂每季使用次数1～2次，尽量与其他不同作用机理的杀虫剂轮换使用。

露地越冬根茬菜管理和采收

露地韭菜收获

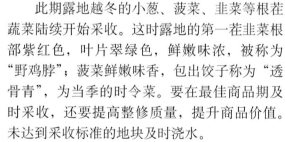

此期露地越冬的小葱、菠菜、韭菜等根茬蔬菜陆续开始采收。这时露地的第一茬韭菜根部紫红色，叶片翠绿色，鲜嫩味浓，被称为"野鸡脖"；菠菜鲜嫩味香，包出饺子称为"透骨青"，为当季的时令菜。要在最佳商品期及时采收，还要提高整修质量，提升商品价值。未达到采收标准的地块及时浇水。

露地定植前准备

准备栽种番茄、茄子、辣椒等作物的地块应整地施肥，做好定植前准备。同时做好棚内幼苗的管理，适时浇水、施肥，调换位置促使生长整齐一致。在定植前5～7天进行低温炼苗，调低苗棚温度5～8℃，提高幼苗定植后的适应性。

谷雨篇

　　谷雨是二十四节气中的第六个节气，在每年的4月19日至21日，太阳到达黄经30°时。谷雨源自古人"雨生百谷"之说，谷雨节气的意思是指雨水增多，有利于谷类农作物的生长。

　　"清明断雪，谷雨断霜"，作为春季的最后一个节气，谷雨节气的到来意味着寒潮天气基本结束，气温回升加快，降雨增多，空气中的湿度逐渐加大，光照充足，各类作物开始茁壮成长，是播种移苗、种瓜点豆的最佳时节。此时，我国北方地区设施蔬菜正是生长关键时期，需要加强管理，露地喜温蔬菜正是定植适期，京郊大地处处呈现一派生机勃勃的春耕景象。

露地喜温蔬菜定植

露地种植的黄瓜、番茄、茄子、辣椒、冬瓜、南瓜等喜温瓜果类蔬菜开始陆续移栽大田，要选择"冷尾暖头"的晴天定植，定植时气候指标，连续5天最低气温稳定在10℃以上，10厘米地温稳定在13℃以上。一般年份北京的大兴、通州及华北其他平原地区在4月下旬至5月初，北京的延庆、怀柔及华北其他高海拔山区在5月上中旬。要施足有机肥做基肥，每667米²施用腐熟细碎优质有机肥4 000千克以上，其中2/3耕地前铺设，1/3做畦时施在地表。按1.4米宽的间距做成小高畦，畦长不超过10米，畦面宽80～90厘米，畦沟宽50～60厘米，精细整地，做到地平、畦平、垄直没有坷垃。有条件的最好铺设滴灌带，再覆盖地膜。定植前5～7天对幼苗进行低温炼苗，以增强幼苗对定植后环境的适应性。定植时保证质量，做到密度适宜，黄瓜、番茄每667米²栽3 000～3 200株，茄子每667米²栽2 300～2 500株，南瓜每667米²栽1 500～1 700株。定植深度要一致，农谚说："深栽茄子，浅栽瓜"，番茄、茄子要深栽，覆土超过苗坨2～3厘米，黄瓜、南瓜、冬瓜等瓜类作物要浅栽，覆土与苗坨相平就可以了，栽后及时浇足定植水。

地膜覆盖

温室蔬菜日常管理和采收

温室的黄瓜正值结瓜盛期，要及时采收；番茄、茄子和甜辣椒等作物正值开花结果期，是产量形成的关键时期，要加强管理促使植株多结果，结好果。

1. 调节适宜的生长环境 要根据外界气候变化及时开闭风口，通风换气，夜间根据温度决定是否放保温被。调节适宜作物生长发育的温度、空气湿度、光照等环境条件。晴天白天适宜温度在23～30℃，阴天应调低3～5℃，适宜温度在20～23℃，夜间适宜温度在15～20℃。根据不同作物来调节不同的室内空气湿度，番茄、茄子等作物保持在40%～50%；甜辣椒和黄瓜等瓜类作物在60%～80%。尽量多增加每天的光照时间。

2. 植株整理 及时吊蔓、绕蔓、落秧、整枝和打杈，去除下部黄叶、老叶。番茄在第一穗果实长至绿熟期（开始变白不再长大时）将下面叶片打掉，黄瓜下部深绿色叶片要及时打掉，防止因通风不好而感染霜霉病。番茄和黄瓜植株每株应保留16片左右功能叶，才能保证植株生长和果实膨大的光合产物需求。

日光温室黄瓜陆续开花

3. 果实管理 要加强辅助授粉和疏花疏果。番茄、茄子推广自然授粉方式保持风味和品质，可采用振荡授粉器辅助授粉的方式，也可采取每667米^{2}释放1～2箱熊蜂辅助授粉方式。若使用丰产剂二号等生长调节剂蘸花或喷花时，应根据不同室温来配制不同浓度，防止浓度过高而形成畸形果实。番茄应在每穗花开放3～4朵花时再采用振荡授粉器或调节剂喷花，因在刚开放1～2朵花时喷花，会使这穗仅结1～2个果而影响产量；每穗留大小相近、外形周正的3～4个果，及早疏去多余的花和果实。黄瓜不需人工辅助授粉就能正常结瓜，禁止使用激素蘸花以促进幼瓜膨大。

4. 科学追肥、浇水 根据天气情况、植株长势和土壤情况来浇水追肥，满足生长需要。追肥应大力推广水肥一体化技术，以随滴灌施用营养全面、配比合理的圣诞树等速溶肥为宜。番茄在每穗果长至3厘米大小时（果实膨大迅速期），应追施氮磷钾含量为16：8：34的高钾圣诞树速溶肥每667米^2 5～8千克；也可随水施用氮磷钾全面的海藻酸类或腐殖酸类有机液肥。要小水勤浇，每次每667米^{2}浇水量8～10米^3，避免大水漫灌，以防土壤水分过多而影响根系正常吸收水分、养分。每667米^{2}悬挂20袋二氧化碳气肥来增加室内的二氧化碳浓度，提高光合作用效率，起到增产、提高品质作用。

5. 适时采收 果实成熟后及时采收，既能提高商品率，又能防止果实坠秧而影响植株继续结果。以每天清晨采收为宜，能提高果实的营养物质含量并使口感更佳。黄瓜、甜辣椒和茄子采摘时要用剪刀剪下，以防用手摘时扯断植株进而感染病害。采摘时要轻拿轻放，避免形成果实的损伤而降低商品质量。若用竹筐、荆条筐盛放时，要用软纸或农膜垫上，防止扎伤果实。还要根据果实大小分类出售。

番茄采收前

 大棚蔬菜管理

　　早春茬黄瓜已陆续采收上市,番茄、茄子、甜辣椒等作物已进入开花结果期,除及时调节适宜的温度和室内空气湿度外,还要在以下两个时期做好田间管理工作。

　　1. 开花期管理　黄瓜、番茄等爬蔓作物及时吊蔓、绕蔓来固定植株,最好选用银灰色塑料绳吊蔓,有驱避蚜虫的作用。番茄不要过早打杈,待第一穗花下的分枝长至8厘米时再打去,以免影响根系的生长;水果型黄瓜将第五片叶以下的幼瓜和花蕾及早疏去,从第六片叶开始结瓜。番茄、茄子优先采用熊蜂授粉或振荡授粉器辅助授粉方式来促进坐果,也可采用安全的丰产剂二号或果霉宁喷花或蘸花的方式来促进坐果,但一定要掌握好浓度和操作的时机,避免出现畸形果实、坐果数量过少、果实生长不整齐等现象。

大棚番茄吊蔓

　　2. 果实膨大期管理　待

基部果实坐住并开始膨大时再浇水追肥，番茄待第一穗果实长至核桃大小（直径3厘米左右），茄子瞪眼期（果实直径3～4厘米）是适期。若浇水过早会使植株生长过旺，影响果实的正常膨大而降低产量。浇水时应选晴天上午进行，以水肥一体化的方式有利于节水和增产。以随滴灌施用营养全面、配比合理的圣诞树等速溶肥为宜，根据不同作物需肥规律，选用不同配比的肥料。番茄应追施氮磷钾含量比例为16∶8∶34的高钾配方的速溶肥圣诞树，每667米^{2}用量5～8千克；也可随水施用氮磷钾全面的海藻酸类或腐殖酸类有机液肥。每667米^{2}悬挂20袋二氧化碳气肥增加室内的二氧化碳浓度。

番茄水肥一体化设施

病虫害防治

虽然天气逐渐转暖，但气温起伏较大，要本着"防重于治"的原则，使用节水灌溉降低棚内湿度，加强通风换气，促使植株生长健壮，增强抗病能力。密切监测病虫害发生情况，及早采取综合预防措施。要重点预防番茄灰霉病、病毒病，黄瓜霜霉病、白粉病、细菌性角斑病，甜（辣）椒灰霉病，茄子黄萎病和枯萎病等病害，以及蚜虫、烟粉虱、白粉虱、蓟马、红蜘蛛、棉铃虫、烟青虫等虫害。预防虫害首选物理方法，如在棚室门口和上下风口安装防虫网阻隔害虫进入棚内，悬挂粘虫黄板、蓝板等。病虫害发生时优先选用生物农药或低毒、低残留的药剂及时防治。应多采用喷施粉尘药剂与烟雾熏蒸的方法来防治病虫害，尽量不用常规喷雾方法施药，以降低棚内湿度。并且要严格遵守施药后安全采收间隔期的规定，确保产品的安全。

黄蓝板诱杀害虫

蓟马危害茄子

防治蓟马，每667米²可选用60克/升乙基多杀菌素（艾绿士）悬浮剂10～20毫升，25％噻虫嗪（阿克泰）水分散粒剂8～15克，或20％呋虫胺（护瑞）可溶粒剂20～40克，应在蓟马若虫始盛期前施药。防治红蜘蛛，每667米²选用0.5％藜芦碱（螨维）可溶液剂120～140克，43％联苯肼酯（爱卡螨）悬浮剂20～30毫升，或240克/升虫螨腈（帕里特）悬浮剂20～30毫升，应在红蜘蛛若虫期或卵孵化盛期施用。

 ## 露地快熟蔬菜播种和定植

谷雨节气仍可继续播种韭菜，播种或定植油菜、小白菜、小萝卜、茴香、芹菜等快熟蔬菜，要做好精细整地、播种均匀、覆土适宜、墒情适宜等环节。上述快熟菜可做成1～1.2米宽平畦，畦不宜过长，以免造成浇水不匀，一般6～8米即可。油菜和小白菜可采用育苗定植的方法，也可采用条播，出苗后再间苗。芹菜最好采用育苗移栽，株行距18厘米×20厘米，适宜密度为每667米²18 000株。茴香采取条播方法，行距10厘米。

露地蔬菜管理

早春定植的甘蓝、花椰菜、莴笋和生菜等作物，陆续进入莲座期，要做好中耕松土、追肥、浇水等管理，同时做好大葱幼苗的追肥、浇水等工作。对于早期播种或定植的快熟蔬菜和冬前播种的"埋头"菠菜要加强浇水和中耕管理，越冬的"埋头"菠菜在4月下旬至5月初及时采收，在最佳的商品期采收上市。

立夏篇

　　立夏是二十四节气中的第七个节气，在每年的5月5日或6日，太阳到达黄经45°时。"斗指东南，维为立夏，万物至此皆长大，故名立夏也。"在天文学上，立夏表示即将告别春天，是夏天的开始。人们习惯上都把立夏节气当作是温度明显升高，炎暑将临，雷雨增多，农作物进入旺盛生长的一个节气。

　　立夏节气气候温暖，光照充足，适合多种蔬菜作物的生长和发育，早春茬温室蔬菜正值结果盛期，是采收上市的季节；春大棚番茄、茄子、甜辣椒等茄果类蔬菜进入开花结果时期；黄瓜开始采收上市，露地快熟蔬菜开始采收。但此节气也是设施蔬菜病虫害的高发期。北京郊区蔬菜生产农事活动主要有以下几方面。

设施蔬菜管理和采收

此时温室种植的番茄、黄瓜、茄子、甜辣椒、萝卜、白菜等多种作物陆续成熟采收，大棚种植的黄瓜、西葫芦以及芹菜、生菜等多种叶类蔬菜都已采收。这时作物的营养生长和生殖生长同时进行，是需要水肥的临界期，加强田间管理尤为重要。

日光温室番茄转色期

1. 调节适宜的生长环境 立夏节气气温虽然升高，但变化很大，要根据外界气候变化和不同作物，及时调节适宜生长发育的温度和空气湿度，精心呵护棚室内的作物。黄瓜的生理活动与番茄、茄子不同，应采用四段调温的方法：光合产物制造主要在晴天的上午（约占70%），因此上午至少有4～6小时室内气温保持在25～30℃，阴天应调低3～5℃，适宜温度在20～23℃；下午温度保持在23～26℃；晚上9时左右植株白天制造的养分开始运输分配，室温在18～20℃；午夜凌晨至日出温度在15～16℃，若夜温过高会增加养分消耗。芹菜等凉爽作物，白天适宜温度在20～22℃，夜间在10～12℃。夜间要根据外界温度决定是否放保温被和开闭风口，若夜间温度超过15℃，叶类和根茎类等耐寒性蔬菜应留风口，以避免夜温过高。要根据不同作物来调节不同的室内空气湿度，番茄、茄子等作物保持在40%～50%，甜辣椒和黄瓜等瓜类作物保持在60%～80%。

2. 加强浇水追肥 根据天气情况、植株长势和土壤情况来浇水追肥，满足生长需要，追肥应大力推广水肥一体化技术，以随滴灌施用

水肥一体化灌溉施肥

营养全面、配比合理的圣诞树等速溶肥为宜。不同作物施肥配比不同，番茄膨果期应追施氮磷钾含量为16：8：34的高钾圣诞树速溶肥每667米²每次5～6千克；也可随水施用氮磷钾全面的海藻酸类或腐殖酸类有机液肥每次5～8分米³；要小水勤浇，每次每667米²浇水量8～10米³，避免大水漫灌，以防土壤水分过多影响根系生长正常吸收水分、养分。每667米²悬挂20袋二氧化碳气肥增加室内二氧化碳浓度，提高光合作用效率，起到增产、提高品质作用。

3.**植株整理** 及时进行吊蔓、绕蔓、落秧、整枝和打杈等管理，黄瓜、番茄采用不断落秧的方法来延长植株的结果，并及时去除下部黄叶、老叶和病叶；番茄在第一穗果实长至绿熟期（开始变白不再长大时）将下面叶片打掉，黄瓜下部深绿色叶片也要及时打掉，避免因通风不好感染霜霉病害。番茄和黄瓜适宜每株保留16片功能叶，才能保证植株生长和果实膨大的光合产物需求。

日光温室黄瓜采收期

4.**果实管理** 要加强辅助授粉和疏花疏果；番茄、茄子推广采用自然授粉方式以保持其风味和品质，可采用振荡授粉器辅助授粉的方式，也可采取每667米²释放2箱熊蜂辅助授粉方式；若使用丰产剂二号等生长调节剂蘸花或喷花时，应根据不同室温来配制不同浓度，防止浓度过高形成畸形果实。番茄应在每穗花开放3～4朵花时再采用振荡授粉器或

春大棚茄子采收期

调节剂喷花，因在刚开放1～2朵花时喷花会使这穗果实仅结1～2个果而影响产量；并及早疏去多余的花和果实。黄瓜不需人工辅助授粉即能正常结瓜，

禁止使用激素蘸花促进幼瓜膨大。

5. 果实成熟后及时采收　及时采收既能提高商品率又能防止果实坠秧而影响植株继续结果。以晴天的清晨采收为宜，能提高果实的营养物质含量和风味；黄瓜、甜辣椒和茄子采摘时用剪刀剪下，以防用手摘时扯断植株和容易感染病害。采摘时要轻拿轻放，避免形成果实的损伤而降低商品质量；用竹筐、荆条筐盛放时要用软纸或农膜垫上，防止扎伤果实；还要根据果实大小分类出售。

 ## 露地喜温蔬菜定植

北方高海拔山区，露地种植的黄瓜、番茄、茄子、辣椒、南瓜等喜温性瓜果类蔬菜正值定植适期，要选择"冷尾暖头"的晴天定植，定植时气温必须连续5天稳定在10℃以上、10厘米地温稳定在13℃以上。要施足有机肥做基肥，每667米²施用腐熟细碎优质有机肥4 000千克或生物有机肥3 000千克，其中2/3在耕地前均匀铺设，1/3于做畦时施在作物根系附近。要精细整地，做到地平、畦平、垄直、没有坷垃；在定植前5～7天对幼苗进行低温炼苗，以增强幼苗对定植后环境的适应性；定植时保证质量，做到密度适宜，深浅一致，其中番茄、茄子要深栽，覆土超过苗坨以上2～3厘米，黄瓜、南瓜、冬瓜等瓜类作物要浅栽，覆土与苗坨相平；栽苗后及时浇足定植水。

 ## 露地耐寒蔬菜管理和采收

露地韭菜采收期

露地种植的甘蓝、花椰菜、莴笋、生菜等作物加强肥水管理，并做好甘蓝夜蛾、蚜虫等害虫的防治，莴笋、生菜和早熟品种的甘蓝陆续成熟采收，油菜、小白菜、茴香、韭菜、樱桃萝卜、小白菜等快熟蔬菜也陆续采收上市，要在最佳商品期及时采收，以清晨采收产品质量好，尤其韭菜在清晨采收能减轻韭蛆的危害。

露地瓜果类蔬菜管理

华北平原地区种植的番茄、黄瓜、茄子等作物正值植株生长期，要做好中耕松土，促进根系生长以利蹲苗；黄瓜、番茄、冬瓜等在植株长至40厘米高左右时，及时插架和绑蔓，番茄应将花序绑在走道一侧，以利授粉、疏果等操作。

 ## 设施耐寒蔬菜采收

北方温室大棚等设施耐寒性蔬菜正值收获期，例如甘蓝、花椰菜、娃娃菜、结球生菜等早春种植的蔬菜，采收期约15天，此期应注意软腐病防治，在采收期前5～7天不要再浇水，如发现有软腐病株及时拔除，喷洒农用链霉素或新植霉素5 000倍液防治。

大棚甘蓝采收期

 ## 病虫害防治

此期气温逐渐升高，粉虱、蓟马、蚜虫、斑潜蝇、迟眼蕈蚊等设施小型害虫有加重发生的趋势，灰霉病、晚疫病、霜霉病、菌核病等低温高湿型病害发生程度趋于降低。注意监测露地蔬菜害虫发生动态，及早开展害虫综合防治。可在田间设立粘虫黄板，监测蚜虫发生数量；或安放小菜蛾、甘蓝夜蛾等害虫性诱捕器，在监测害虫发生数量的同时可以起到诱杀成虫、降低田间落卵量的作用。性诱捕器一般每667米^{2}设立1～3个，诱芯4～6周更换一个。

斑潜蝇危害黄瓜

迟眼蕈蚊危害韭菜

防治斑潜蝇，除使用黄色粘虫板物理诱杀成虫外，也可使用药剂防治。常用药剂和每667米^{2}用量为75%灭蝇胺可湿性粉剂15～20克，1.8%阿维菌素（爱福丁）乳油40～80克，或1.8%阿维·高氯乳油40～60毫升，在卵孵盛期至低龄幼虫期使用效果较好，两次施药间隔7天左右。

防治温室韭菜迟眼蕈蚊（韭蛆），应在风口和温室门口安装防虫网阻隔成虫进入温室，田间放置黄色粘虫板诱杀成虫。因韭菜迟眼蕈蚊成虫飞行能力不强，黄板高度不宜太高，稍高于韭菜顶部叶片即可。同时每667米^{2}可使用10%噻虫胺悬浮剂225～250克，10%吡虫啉可湿性粉剂200～300克，或4.5%高效氯氰菊酯乳油10～20毫升等药剂防治幼虫。

 大棚夏秋茬番茄育苗

前茬是小西瓜、甘蓝等早熟作物的大棚，可以种植夏秋茬番茄。选用绝粉702等耐热品种，在5月上旬育苗，采用72穴的塑料穴盘在温室或大棚中育苗，25～30天苗龄，在芒种节气（6月上旬）定植，定植后50天开始采收果实，到11月初拉秧。此茬番茄采收正好赶上8～9月其他茬口上市的淡季，可弥补市场供应不足，种植者经济效益较高。

小满篇

　　小满是二十四节气中的第八个节气，在每年的5月20日至22日之间，太阳到达黄经60°时。从小满节气开始，北方大麦、冬小麦等夏熟作物籽粒已经结果，渐饱满，但尚未成熟，所以叫小满。

　　小满节气温度适宜，光照充足，气候条件适合多种蔬菜作物的生长，是设施和露地种植的多种喜温类瓜果蔬菜开花结果的最佳时期，也很适合叶类蔬菜生长，同时也是多种蔬菜病虫害的高发期。此期是田间管理的重要时期，大多数蔬菜作物已经采收。小满节气菜田主要农事活动如下。

设施蔬菜管理与采收

此时日光温室种植的番茄、黄瓜、茄子、辣椒、南瓜等作物正值采收盛期，塑料大棚种植的黄瓜、西葫芦、茄子等作物也已采收，是大多数蔬菜作物营养生长和生殖生长最旺盛时期，也是产量形成的关键时期，所以加强田间管理非常重要。

1.调节适宜的温湿度 此时外界温度较高，棚室要加强通风换气，特别是阴雨天和雨过天晴的天气，要及时放风，降低棚内温度和湿度。番茄、黄瓜等喜温作物晴天白天适宜温度23～30℃，阴天应调低3～5℃，在20～23℃，夜间适宜温度15～20℃；生菜、芹菜等叶类和根茎类喜凉爽作物，白天适宜温度20～22℃，夜间10～12℃，尤其应避免夜温过高而增强呼吸作用进而加大养分消耗。芹菜等喜凉爽蔬菜若白天温度过高、光照过强会使蔬菜产品的纤维增多，品质差，口感不好。要根据不同作物来调节不同的室内空气湿度。番茄、茄子等作物保持在40%～50%；甜辣椒和瓜类作物在60%～80%，甜辣椒在晴天中午应行间喷水来增加空气湿度。

2.科学追肥浇水 根据天气情况、植株长势和土壤情况来浇水追肥，满足生长需要。要小水勤浇，每次每667米²浇水量5～10米³，避免大水漫灌，以防土壤水分过多而影响根系生长正常吸收水分和养分。追肥应大力推广水肥一体化技术，以随滴灌施用营养全面、配比合理的圣诞树等速溶肥为宜。番茄膨果期应追施氮磷钾含量为16：8：34的高钾圣诞树每667米²5～8千克；也可随水施用氮磷钾全面的有机液体肥，促进营养生长与生殖生长平衡，多结商品率高的果实。

3.植株整理 及时吊蔓、绕蔓、落秧、整枝和打杈，去除下部黄叶、老叶。大棚番茄留4穗果实，及时打尖打顶；番茄在第一穗果实绿熟期（开始变白不再长大时）要将下面叶片打掉。黄瓜及时落秧可延长植株结瓜，采用落蔓夹能促进植株生长整齐，还

茄子打底叶

要注意及时将下部深绿色叶片打掉，防止因通风不好而感染霜霉病害。番茄和黄瓜适宜每株保留16片功能绿叶，才能保证植株生长和果实膨大的光合产物需求。

4.果实管理 要重视辅助授粉和疏花疏果。番茄、茄子推广采用自然授粉方式以保持较好的风味和品质，可采用振荡授粉器辅助授粉的方式，也可采取每667米^{2}释放1～2箱熊蜂辅助授粉方式。若使用丰产剂二号等生长调节剂蘸花或喷花时，应根据不同室温来配制不同浓度，防止浓度过高形成畸形果实。番茄应在每穗花开放3～4朵花时再采用振荡授粉器或调节剂喷花（因在刚开放1～2朵花时喷花，会使这穗果仅结1～2个果实而影响产量），并及早疏去多余的花和果实。茄子四门斗开花时已没有低温影响，不用生长调节剂处理一般也能坐果，若用生长调节剂处理能加快果实生长，也有防止后期高温落花的作用，但生长调节剂浓度要小一些，避免高温下产生药害。黄瓜不需人工辅助授粉能正常结瓜，禁止使用生长调节剂蘸花来促进幼瓜膨大和使鲜花不落。

5.在最佳商品期及时采收 及时采收既能提高商品率，又能防止果实坠秧而影响植株继续结果。叶类蔬菜采收过晚更影响品质。以每天清晨采收品质最佳。黄瓜、甜辣椒和茄子采摘时要用剪刀剪下，以防用手摘时扯断植株。采摘时要轻拿轻放，若用竹筐、荆条筐盛放时，要用软纸或农膜垫上，防止扎伤果实；还要根据果实大小分类出售。

黄瓜盛果期

露地蔬菜管理与采收

露地油菜

此期番茄、茄子等茄果类蔬菜正值开花结果期,黄瓜已经开始采收,植株长势旺盛,需肥水量逐渐增多,要及时浇水、追肥、中耕除草、绑蔓打杈、辅助授粉等田间管理。油菜、生菜、茼蒿、小萝卜等快熟叶菜和甘蓝、莴笋、花椰菜等甘蓝类蔬菜到了采收盛期,要在最佳商品期及时采收上市。要提高整修质量,尽量保证优质蔬菜以增加商品附加值。并及时浇水、除草等田间管理。

大棚越夏茬番茄育苗和整地

1.大棚越夏茬番茄育苗 大棚越夏茬番茄的播种期在5月初,定植期在6月初,采收期在8月至9月,处在秋大棚番茄采收之前,正好填补番茄供应淡季市场。5月下旬正值大棚越夏茬番茄育苗期,应做好苗期管理工作,调节苗棚适宜的温度、光照等条件,及时浇水、追肥,并调换位置,使其生长整齐一致。

番茄育苗

2.定植前整地做畦 在定植前10天将前茬拉秧,把残株、烂叶和杂草清除干净,运到指定地点进行高温堆肥等无害化处理,每667米²施入充分腐熟、细碎的优质有机肥5 000千克。若使用未腐熟的有机肥,不仅不能及时供给作物养分,而且容易造成沤根影响作物生长，还会发生蛴螬等地下害虫危害，所以有机肥必须充分腐熟后再施用。若有机肥源不足，可施用生物有机肥或商品有机肥每667米²用量3 000千克。施足有机肥后将地深耕细整，提前10天做好畦，按1.4 ～ 1.5米的间距做成高出地面20厘米的高畦，畦面宽80厘米，畦沟宽60 ～ 70厘米，畦面铺设滴灌管或滴灌带，每畦定植2行。

病虫害防治

随着温度升高和降雨增多，棚内湿度较大，病虫危害逐渐严重，注意防治白粉病、叶霉病、细菌性角斑病等病害，重点防治烟粉虱、白粉虱、蚜虫、蓟马、红蜘蛛等小型害虫。要在做好棚室风口和门口安装防虫网，棚内悬挂诱虫黄板、蓝板等物理防治措施的基础上，做好病虫害发生情况调查，在最佳防治期及时采用生物农药或低毒、低残留农药防治，同时保证施药以后待安全间隔期过后再采收上市，确保产品安全。

诱虫灯

露地菜田注意防治蚜虫、菜青虫、小菜蛾等害虫。要在菜田安装太阳能诱虫灯，每6万米²安装1台。防治露地十字花科蔬菜蚜虫，每667米²可选用60%吡蚜酮水分散粒剂11 ～ 13克，2.5%鱼藤酮悬浮剂100 ～ 150克，或200克/升吡虫啉（康福多）可溶液剂5 ～ 10毫升等药剂在害虫发生早期喷雾。防治露地十字花科蔬菜菜青虫，每667米²可选用2%苦参碱水剂15 ～ 20毫升、25%灭幼脲悬浮剂20 ～ 30毫升或1.8%阿维菌素（爱福丁）乳油30 ～ 40克，于低龄幼虫期施药，每7天施药一次，连续施药2次，注意药剂轮换。

菜青虫危害花椰菜

芒种篇

芒种是二十四节气中的第九个节气，在每年的6月5日或6日，太阳到达黄经75°时。此时我国绝大部分地区的农业生产处于夏收、夏种、夏管的"三夏"大忙季节，光照充足，日照时间长，温度升高，但降水量不大，适宜大多数蔬菜作物的生长。春茬设施蔬菜正值采收盛期，也是管理的重要时期。春播露地种植的瓜类、茄果类和豆类蔬菜陆续收获，上市品种增多，市场供应量充足。应主要做好春茬菜的管理和采收，秋茬露地蔬菜的育苗准备。

设施蔬菜管理和采收

这时温室和大棚种植的番茄、黄瓜、茄子、甜辣椒等果类蔬菜都到了果实采收盛期，植株生长迅速，蒸腾量大，需水肥多，管理好坏关系到产量和品质。

1. **调节适宜的生长环境** 芒种节气正是作物快速生长发育的时期，首先要调节适宜的作物生长环境，促进植株健壮生长。

（1）**温度** 根据不同作物生长阶段和天气情况来调节适宜作物生长的棚室温度。番茄等喜温性作物晴天的白天从太阳出来至14时 为23 ～ 30℃，14时至日落为23 ～ 26℃，夜间15 ～ 18℃；而黄瓜等瓜类作物从日落至24时温度应高些，在18 ～ 20℃比较适宜；芹菜等叶类蔬菜白天为20 ～ 25℃，夜间为10 ～ 12℃。阴天的白天温度应降低3 ～ 5℃。应安排专

遮阳网覆盖

人精心负责温度的调节，避免棚室温度过高或过低。若温度过高，应在晴天的11时至15时在棚顶覆盖遮阳网或喷洒"利良"降温材料来降低棚内温度。

（2）**空气湿度** 对于同属于喜温的瓜果类蔬菜，对空气湿度要求也不同，辣椒、黄瓜喜比较湿润的生长环境，适宜的空气湿度为60%～90%，尤其是甜辣椒应在晴天中午采用微喷或在行间洒水来增加空气湿度，若在高温和干燥的环境条件下不仅不利于植株生长和果实发育，还容易诱发病毒病的感染；番茄、茄子喜干燥的生长环境，适宜空气湿度为45%～60%。可通过膜下暗灌、通风排湿、调节室内温度等措施调节棚室内空气湿度，既保证作物正常生长，又能够防止病虫害流行。

（3）**光照** 夏季中午光照过强，会对作物产生不利影响，降低产量和品质，还会造成芽枯和日灼等生理性病害，在晴天的11时至15时在棚顶覆盖遮光率60%～70%的遮阳网。

2. **及时植株整理促进多结果**

（1）**理蔓和绕蔓** 采用吊蔓方式的黄瓜、番茄要及时理蔓和绕蔓，长至2米左右高度时，采取落蔓或换头方法来延长植株结果期。黄瓜采用落蔓夹

甜辣椒搭架栽培

可以使植株生长整齐，并且方便、省工，在理蔓同时掐去卷须，摘除雄花。茄子在门茄开始膨大时开始整枝，采取吊绳或搭架，使植株茎叶均匀分布，植株调整采用双干整枝方式。甜辣椒采用搭架的方式固定植株，可不进行整枝等措施。

（2）**打叶**　去除植株下部的老叶和黄叶、病叶和侧枝，以有利于通风透光和减少养分消耗。一般番茄、黄瓜每株保持16片左右功能叶片，茄子、辣椒每株保持30～40片功能叶。

（3）**适时打尖**　番茄长至预定果穗时打尖，一般每株结果4～6穗，最上部果穗的上面留2～3片叶后摘去顶尖。

3. 促进坐果和疏果　番茄大力推广振荡授粉器辅助授粉。茄子可采用丰产剂二号或果霉宁等安全高效的保果剂喷花来提高坐果率。黄瓜、辣椒不需使用保果剂来帮助坐果。番茄一般每穗留果4个左右，将过多的花和果实及早疏去，并且将畸形果和每个果穗上过大或过小的果实及早疏去，达到果形周正、果实均匀的效果。

4. 科学浇水施肥

（1）**浇水**　应根据天气、作物长势和土壤墒情进行科学浇水。最好采用膜下滴灌，小水勤浇的方式，番茄、茄子一般5～8天浇水1次，黄瓜、辣椒3～5天浇水1次，避免过分干旱和一次浇水过多，以促进果实生长，防止出现番茄裂果现象，提高果实商品率。

（2）**追肥**　推广水肥一体化和平衡施肥技术，根据不同作物需肥规律和植株长势来追肥，尤其要避免氮肥过多，钾肥不足而形成番茄筋腐病。施肥以"少吃多餐"为原则。番茄在每穗果开始膨大时追肥一次，黄瓜、茄子等作物一般间隔10～15天追一次，每次每667米^{2}随水追施氮磷钾配比合理的冲施肥5～8千克，在拉秧前30天停止追肥。

（3）**叶面喷肥**　作物生长中后期叶面喷肥4～5次，每次间隔7～10天，用水溶性好的圣诞树水溶肥500～800倍液喷洒，也可用0.3%磷酸二氢钾和0.5%尿素混合喷施，也可喷施海藻酸类功能肥料，起到快速补充营养促进生长作用。

5.**及时采收** 采收过晚不仅影响果实和植株生长，而且降低品质。尽量在晴天的清晨采收，这样产品的品质和口感更好。番茄、茄子和甜辣椒最好采用剪刀采收，防止损伤枝茎。

甜辣椒和番茄采收

 露地蔬菜管理和采收

茄子、黄瓜、架豆、豇豆、花椰菜、青花菜、油菜、茼蒿、韭菜等露地蔬菜，要选在晴天清晨及时采收，提高整修质量，分级包装上市。同时做好追肥、浇水、疏果和整枝打老叶管理。

 病虫害防治

进入夏季，气温显著升高，病虫害繁殖速度加快，要密切注意病虫害发生动态，对设施内瓜类白粉病、番茄叶霉病、病毒病等病害和蚜虫、白粉虱、红蜘蛛等虫害加强防治。露地蔬菜重点防治棉铃虫、烟青虫、小菜蛾、菜青虫等害虫。防治露地蔬菜棉铃虫，可在田间布放棉铃虫性诱捕器，利用昆虫性信息素诱杀成虫，或设立杀虫灯，利用昆虫对特定光源的趋光性诱杀害虫成虫。达到百株虫量≥5头或百株卵量≥20粒的防治指标时，要使用药剂进行防治，可选用的药剂和每667米²用量有10%溴氰虫酰胺（沃多农）悬乳剂10～30毫升，50克/升虱螨脲（美除）乳油50～60毫升，或2%甲氨基阿维菌素苯甲酸盐乳油28.5～38毫升。防治露地蔬菜小菜蛾，可设置小菜蛾性诱捕器人工诱杀小菜蛾成虫，或每667米²使用60克/升乙基多杀菌素（艾绿士）悬浮剂20～40毫升或1.8%阿维菌素（爱福丁）乳油30～40克，于低龄幼虫期喷雾；也可选用5%氯虫苯甲酰胺（普尊）悬浮剂30～55毫升，于卵孵化高峰期喷雾。

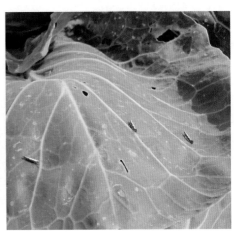

太阳能杀虫灯　　　　　　　　　　小菜蛾危害甘蓝

 ## 疏通排水沟做好防涝工作

及早清理、疏通排水沟，没有排水沟的地块和棚室要尽快安排专人挖通。在降雨后尽快排除田间积水，做到雨停水流走，防止作物长时间浸泡造成涝害。对棚室进行检查修缮：对温室的后坡、后墙等部位进行检查，发现漏雨部位要在雨季到来之前做好修缮，确保不发生坍塌。对保温被和草苫的存放应检查，做好防雨工作。

 ## 夏秋茬大棚番茄定植

在6月10日前定植，待7～8月温度高时植株已长大，抗御高温能力增强。选晴天下午定植，做到深浅适宜，密度合理，及时浇足定植水。

大葱定植

大葱的定植期多在芒种到小暑之间，尽早定植为好。前茬收获后，每667米² 施用充分腐熟有机肥5 000千克，禁止施用未腐熟的有机肥，肥源缺少的地块可施用商品有机肥3 000千克，耕翻入土混合后整平，合墒开沟。沟距长葱白品种为70～90厘米，短葱白品种为50～60厘米。沟深20～30厘米，宽15～30厘米。栽前起苗、分级，按秧苗大小定植，便于管理。定植苗以株高40厘米，茎粗1厘米以上为宜。摆葱法是将葱叶扇面紧靠沟壁一侧摆匀，为减轻烈日暴晒，南北沟摆在

大葱定植

西侧，东西沟摆在南侧。摆完一沟后用锄将沟底土埋住根部，厚7～10厘米，立即灌稳苗水，水量要小，防止冲倒秧苗。灌后稍覆土保墒，防止龟裂。3～5天后，再浇一次缓苗水，然后中耕蹲苗。栽植密度一般为每667米² 2.5万～3万株。

 秋茬露地芹菜育苗

芹菜播种育苗适期在6月中下旬，要经低温催芽后再播种，浸种24小时后放入机井水面以上50厘米处催芽。因正值温度较高、降雨逐渐增多的季节，要在大棚或小棚等设施中育苗，并注意育苗棚的遮阴防雨，并在棚的东西两侧各留80厘米高的风口以利通风，风口和门口用防虫网封闭。可采用无土基质穴盘育苗方法，用128穴穴盘。苗龄50～60天，株高15～20厘米，6～7片真叶，茎基部直径0.5厘米左右，即可定植。

芹菜穴盘育苗

夏至篇

夏至是二十四节气中的第十个节气，在每年的6月21日或22日，太阳到达黄经90°时。夏至这天，太阳直射地面的位置到达一年的最北端，几乎直射北回归线，此时，北半球的白昼时间最长，且越往北越长。天文学上规定夏至为北半球夏季开始，但是地表接收的太阳辐射热仍比地面辐射放出的热量多，气温继续升高，故夏至不是一年中天气最热的时节。大约再过二三十天，才到一年中最热的季节。

农谚说，"夏至时节天最长，南坡北洼农夫忙"，"夏至菜田草，胜如毒蛇咬"，"夏至进入伏天里，耕地赛过水浇园"，"进入夏至六月天，黄金季节要抢先"。夏至节气过后进入伏天，气温高，光照足，各种作物生长旺盛，此时所有蔬菜作物都已成熟。进入汛期雨水增多，杂草、害虫迅速滋生漫延，需加强田间管理，还要及时采收，秋茬作物的播种育苗工作也已经开始。

设施蔬菜管理和采收

　　温室和大棚种植的番茄、黄瓜、茄子等各类蔬菜都到了采收盛期，植株生长迅速，蒸腾量大，需水肥多，管理好坏关系到产量和品质。

　　1. 调节适宜的生长环境

　　（1）温度　高温季节应派专人精心负责设施的温度调节工作，以避免棚室温度过高或过低。根据不同作物和天气情况来调节适宜作物生长的棚室温度。番茄等喜温性作物晴天的白天从太阳出来至14时为23～30℃，14时至日落为23～26℃，夜间18～20℃；芹菜等叶类蔬菜白天为20～25℃，夜间为10～12℃。阴天的白天温度应降低3～5℃。采用晴天中午11时至15时在棚顶覆盖遮阳网，上下两道风口打开通风，中午喷淋降温和行间浇水等多项降温措施来降低温度。

温室覆盖遮阳网降温

　　（2）空气湿度　高温高湿的环境不仅影响作物的生长，而且易诱发病害，尤其是夜间高湿度。对于同属于喜温的瓜果类蔬菜，对空气湿度要求也不同；辣椒喜湿润的生长环境，在晴天中午应在行间喷水或通过微喷喷雾来增加空气湿度；番茄、茄子喜干燥的生长环境，适宜湿度为45%～60%。通过通风排湿、减少浇水量等措施降低空气湿度，既保证作物正常生长，又能够防止病虫害流行。

　　（3）光照　晴天中午光照过强，会对作物生长发育产生不利的影响，不仅降低产量和品质，还会造成芽枯和日灼等生理性病害，所以应在晴天的11时至15时在棚顶覆盖遮光率60%～70%的遮阳网。或喷洒"利良"降温材料来降低棚内温度。

喷涂"利良"降温材料

2. 及时采收 采收过晚不仅影响果实和植株生长，而且降低品质。尽量在晴天的清晨采收，产品的品质和口感都要好于其他时间采收的产品。提高整修质量，大小不同规格的产品分开包装和出售，杜绝以次充好的陋习。

3. 及时进行植株和果实管理，促进多结果

（1）打叶 去除植株下部的老叶和黄叶，摘除病叶和侧枝，以有利于通风透光和减少养分消耗。一般番茄、黄瓜每株保持12 ~ 16片功能叶，茄子、辣椒每株保持30 ~ 40片功能叶。

（2）适时扣尖 番茄长至预定果穗时扣尖，一般每株结果4 ~ 6穗，最上部果穗以上留2 ~ 3片叶后摘去顶尖。

（3）及时疏果 将番茄、茄子和辣椒植株上过多的花和果实及早疏去，并将畸形果和每个果穗上过大、过小的果实及早疏去，以达到果形周正、果实均匀、商品率高的效果。

4. 科学浇水施肥 温度高时植株水分需求量明显增加，因此应根据天气、作物长势和土壤墒情进行科学浇水。以小水勤浇的方式较好，番茄、茄子一般5 ~ 8天浇水1次，黄瓜、辣椒3天浇水1次，避免过分干旱和一次浇水过多，以促进果实生长，防止出现裂果现象，提高果实商品率。一般在拉秧前30天停止追肥，可采取叶面喷肥方式来快速补充营养，可选用"雷力海藻酸" 等功能性肥料，也可采用0.3%磷酸二氢钾和0.5%尿素混合喷施，喷施时应避开光照充足的中午进行。

番茄盛果期

露地秋茬蔬菜播种

此时小麦已经收割完毕，是夏秋茬露地蔬菜播种适期。夏秋茬黄瓜在6月25日至7月3日播种最适宜，要选择耐热抗病的品种。精细整地，按1.4～1.5米的间距做成高出地面20厘米的瓦垄高畦，畦面宽80厘米，畦沟宽60～70厘米。在畦面上播种2行，间隔40～50厘米，株距30厘米左右，每667米^{2}栽3 000株左右，要做到深浅一致。秋茬架豆、豇豆也要在6月下旬播种，种植2个月后就可进入采收期，弥补8～9月的秋菜淡季。还有菠菜、香菜、苋菜、木耳菜（落葵）、空心菜（雍菜）等耐热叶类蔬菜要分批播种，陆续采收供应夏季淡季市场。

露地秋茬蔬菜育苗

秋大棚和秋露地种植的芹菜和秋茬露地种植的甘蓝、花椰菜、青花菜等作物均在夏至节后育苗。应选择地势高燥、排水灌水都方便的大棚或小拱棚进行育苗，为防雨做成高畦，棚顶覆盖遮阳网，四周留80厘米的风口，并用防虫网封严。芹菜种子发芽最适温度为15～20℃，一定要经低温催芽后再播种，在浸种24小时后放入机井水面以上50厘米处催芽；甘蓝、花椰菜选用128穴或72穴的塑料穴盘育苗，并做好育苗棚的遮阴防雨。

露地春茬蔬菜管理和采收

番茄、茄子、黄瓜、辣椒、架豆、豇豆、萝卜、花椰菜等多种作物进入采收中后期，要选择晴天的清晨及时采收。还要根据天气、土壤和植株长势做好浇水工作；并及时整枝打杈，去除下部老叶，使田间通风透光，减轻病害发生。对于丝瓜、苦瓜、黄秋葵等耐热性强的蔬菜可以越夏栽培，要及时进行浇水、追肥和整枝打杈和疏果等管理，促使植株生长健壮，多结商品性好的果实。

露地架豆

病虫害防治

番茄日灼病

进入高温多雨季节，设施蔬菜处于生产后期，如管理不善可导致黄瓜角斑病、番茄叶霉病、辣椒病毒病、茄子黄萎病和蚜虫、粉虱、蓟马、红蜘蛛等多种病虫害发生，高温因素可导致生理性病害如脐腐病、日灼病发生可能性增加。露地甘蓝类蔬菜小菜蛾、菜青虫等害虫危害加重。

优先采用诱虫灯、防虫网和黄板、蓝板等物理措施来降低虫口密度，发生严重时选用生物农药或低毒低残留的农药防治，并严格遵守施药后的安全间隔期采收的规定。防治番茄脐腐病，应使用覆膜栽培或膜下暗灌等节水灌溉措施，减少土壤水分散失，确保水分供应充足；同时要避免偏施氮肥，增强植株抗逆能力，必要时在坐果前期叶面喷施0.5%氯化钙、1%过磷酸钙或0.1%硝酸钙溶液补充钙素。防治日灼病，宜在日照强的时段采用遮阳网覆盖，或适当增大种植密度，使植株叶片相互遮阴，露地蔬菜种植时也可考虑与高秆作物间作，利用高秆作物遮阴降低直接阳光暴晒的影响。

大葱定植

上年秋分节气或当年2月在温室育的葱苗，在小麦或春茬甘蓝、花椰菜等早熟蔬菜收获后抓紧定植，使其在入伏前扎好根，以确保霜降节气前长成葱白。要施足腐熟有机肥，深耕土地，选择生长健壮的葱苗栽植，深浅一致，及时浇足定植水。

疏通排水沟和温室防雨

雨季到来之前将田间排水沟挖好，有堵塞的地方及早疏通，确保降雨后田间不积水、不涝地。对温室墙体、屋顶等漏雨部位进行检查和修缮，防止雨季坍塌；对草苫、保温被等存放情况进行检查，确保不因漏雨而造成损失。

小暑篇

小暑是二十四节气中的第十一个节气，在每年的7月7日或8日，太阳到达黄经105°时。暑，表示炎热的意思，小暑为小热，还不十分热。意思是指天气已经炎热，但还没达到最热的节气。

7月是多变的天气，日照充足，降雨增多，高温闷热，月平均气温达25～26℃。全国农作物都进入了苗壮成长阶段，需加强田间管理。华北地区温室大棚内瓜果类蔬菜多数进入拉秧期，应做好棚室内病残体的清理工作，以减轻下茬病害；一些耐热品种的露地蔬菜已进入采收盛期。此期是秋茬露地花椰菜、甘蓝及秋大棚番茄、辣椒、茄子育苗的关键时期，也是胡萝卜、贩白菜、露地黄瓜播种适期。要在高温酷暑下做好蔬菜管理、采收、育苗和播种等工作，确保全年增产增收。

秋季露地黄瓜播种

选用耐热、早熟、抗病的北京秋瓜等黄瓜品种，在7月上旬仍可直接播种，在8月下旬至10月上旬供应秋季淡季市场。要施足有机肥，做成瓦垄高畦或龟背畦，畦长不宜超过10米，畦宽1.4～1.5米。瓦垄畦在畦面中间做浇水沟，黄瓜播在沟两侧；龟背畦播种在畦坡上，不铺地膜，按平均行距70～75厘米、株距30～33厘米的间距种植，每667米² 栽3 000株左右。露地黄瓜也可采用育苗移栽的方法定植，这样可以减少种子的浪费。定植期前20天在大棚内育苗，采用50穴塑料穴盘无土基质育苗方法，在苗龄20天左右、3叶1心时移到露地定植。

早熟贩白菜播种

在7月中旬开始分期播种耐热贩白菜，选用小杂56、贝蒂等耐热、优质、早熟的品种，在国庆节、中秋节前后采收上市。要施足基肥，精细整地，选择土地疏松肥沃、灌溉方便的地块，不宜选大白菜、萝卜茬口的地块。播前5～7天每667米²施优质腐熟的农家肥5 000～6 000千克，或施商品有机肥3 000千克，磷酸二铵15～20千克，混匀施入，施肥后深耕耙平起垄，垄距50～60厘米，垄高15～20厘米，垄面上开沟条播，播后覆土1～2厘米。播种后立即浇水，最好采用小微喷灌水方式。

贩白菜出苗

秋茬蔬菜育苗

育苗场所应选在地势高燥、能灌能排、通风良好的大棚或专用育苗棚中进行。风口、门口用防虫网封严。中午棚顶用遮阳网覆盖降温，有条件的最好安装外遮阳和微喷降温设施，为防雨涝四周疏通排水沟，并做成高畦，做好病虫害预防工作。

1.**秋季露地种植的花椰菜、甘蓝、苤蓝、生菜等作物育苗** 华北平原地区最适宜播种育苗期为6月底至7月上旬，在7月底至8月初定植；华北高海拔山区应提前7～10天播种。选用早熟、耐热的品种，如：甘蓝可选用中甘15、秋甘5号等品种。

2.**秋季日光温室种植的甜辣椒育苗** 甜辣椒在7月中下旬育苗，保温性能差的温室也要早育5～10天，彩色甜椒要适当早育，播种适期在7月中旬；一般苗龄45～50天，8月下旬至9月上旬定植，11月初至春节期间采收上市。甜椒品种选择国禧105、京甜3号等，辣椒品种选择农大24等，在通风好、温度偏低的大棚育苗，采用50穴的塑料穴盘，用育苗专用基质或草炭、蛭石、珍珠岩按2：1：1比例配成基质。做好温汤浸种和浸种催芽，在25～30℃环境下催芽3～4天，待种子萌芽时播种。壮苗标准：植株挺拔健壮，苗高15厘米，7～8片叶，叶色绿，有光泽，茎粗0.4～0.5厘米，节间较短，根系发达，无病虫症状。

辣椒育苗盘育苗

3.**秋冬茬温室番茄育苗** 一般在7月中旬育苗，8月中下旬定植，11月中旬至翌年1月中旬采收；保温性能差的温室要适当提早育苗。近几年，番茄黄化曲叶病毒病发生严重，该病一旦感染发生，往往造成大幅减产，甚至绝收。最好的方法就是从苗期开

番茄育苗

始做好预防工作，选用金棚11号、仙客8号等抗病品种，采用遮阳网、棚膜防雨、防虫网防虫等"全保护"措施培育壮苗，严防烟粉虱传毒。育苗采用72穴的塑料穴盘育苗，以草炭、蛭石、珍珠岩为基质，比例为2：1：1，苗龄控制在20～25天，壮苗标准为番茄苗具有4～6片真叶，株高18～20厘米，茎粗大于0.4厘米，子叶完好，真叶叶色绿有光泽，根系完整健康，无病虫害，大小一致。

4.**秋大棚番茄、黄瓜育苗**　秋大棚番茄选用抗黄化曲叶病毒、耐热的金棚11号、仙客8号等品种，在7月上旬育苗，7月下旬定植；黄瓜选用早熟、抗病、品质好的中农16、北京203等品种，在7月中旬育苗，8月上旬定植，采用72穴的塑料穴盘育苗，以草炭、蛭石、珍珠岩为基质；黄瓜也可采取7月下旬直接播种方式。育苗期间有条件的尽可能使白天温度维持在25～28℃，夜温维持在20℃左右。严防番茄黄化曲叶病毒病，育苗棚用孔径0.3毫米的防虫网封严，在棚内悬挂黄板诱杀烟粉虱，每667米^{2}悬挂50块，位置在幼苗上方20厘米处。番茄约30天达到定植适龄，壮苗标准为具有4～5片真叶，株高13～15厘米，茎粗大于0.4厘米，子叶完好，真叶色绿、有光泽，根系完整健康，无病虫害，大小一致。黄瓜20天左右达到定植适龄，壮苗标准为株高15～20厘米，具有3～4片真叶，茎粗0.4～0.6厘米，子叶完好、呈绿色，根系完整、量多，无病虫害和机械损伤。

黄瓜育苗

5.秋茬大棚芹菜育苗　秋大棚芹菜在7月上中旬育苗，9月上中旬定植。品种可选择文图拉、奥尔良等，种子一定要经低温催芽后再播种。可以浸种24小时后，用手搓搓种子，以搓去种皮上的抑制发芽物质，然后放在17～20℃环境下催芽6～7天，可以放入机井水面上方50厘米处催芽。待种子刚开始出芽时播种。传统育苗方法采用平畦撒（条）播方法，一般畦长5米，宽1米。做畦前结合深翻整地，每畦施腐熟优质农家肥30千克，磷酸二铵65千克，每畦播种量50克，667米^{2}需育苗面积60米^2。播种后做好遮阴和水分管理，以利出苗，保持畦面湿润。出苗后维持畦面见湿见干程度。幼苗2～3叶期进行1次间苗，然后分苗，苗间距离3～5厘米，苗龄50～60天，株高15～20厘米，6～7片真叶，茎基部直径0.5厘米左右，达到壮苗标准。也可采用无土基质穴盘育苗方法，穴盘采用128穴穴盘。

芹菜育苗

 # 胡萝卜播种

在7月中旬开始露地胡萝卜播种，品种要选用根形周正美观，果皮、果肉、果芯三红的红芯228等优质、高产品种。每667米^{2}施用腐熟、细碎的优质有机肥4 000千克或商品有机肥3 000千克，有小微喷灌水设施的地块做成高畦播种，撒种均匀。加工后的商品种子每667米^{2}用种量300克左右，普通种子每667米^{2}用种量500～600克。

 # 越夏设施蔬菜和露地蔬菜管理

要做好设施内环境条件调控，及时开风口，晴天的11时至15时棚顶覆盖遮阳网遮光、降温，高温时段采用微喷或行间浇水方式来降温。还要根据天气、土壤和植株长势做好追肥、浇水工作；并及时整枝打杈，去除下部老叶，使田间通风透光，减轻病害发生。

设施和露地蔬菜采收和拉秧

设施茄子采收

小暑节气正值春茬大棚和露地种植的番茄、茄子、黄瓜、辣椒、架豆、豇豆等多种作物的采收后期，同时也是苋菜、香菜、木耳菜、空心菜等耐热叶类蔬菜采收初期，要选择晴天清晨及时采收，防止果实坠秧和错过最佳商品期而降低品质。对于长势不好的作物要及早拉秧，将残株、落叶和杂草清理干净，运到指定地点进行臭氧处理或高温堆肥等无害化处理。

日光温室高温消毒

春茬拉秧后对灰霉、菌核等土传病害和线虫发生严重的棚室进行土壤高温消毒。每667米²撒入铡碎的麦秸等作物秸秆900千克，石灰氮40～80千克或生石灰粉100～200千克，与耕层土壤混合均匀后浇足水，地面覆盖农膜并盖严，关严棚室的风口和门口30天左右，使耕层土壤温度达到50℃以上，利用夏季高温杀灭耕层土壤中的灰霉、菌核等土传病害的病菌和线虫等。

撒施石灰氮

撒施后覆盖

病虫害防治

　　设施蔬菜及时整枝打杈，去除下部老叶，增强通风透光，减轻病害发生；在做好棚室风口和门口安装防虫网、悬挂诱虫黄蓝板等物理防治措施的基础上，开展病虫害发生情况调查，在最佳防治期及时采用生物农药或低毒、低残留农药防治，并严格遵守施药后的安全间隔期的规定。露地菜田每6万米²面积安装1台太阳能诱虫灯，诱杀鞘翅目、鳞翅目害虫。7月中旬开始分期播种耐热型白菜，从苗期开始预防病毒病、蚜虫、菜青虫、黄条跳甲、甜菜夜蛾等病虫害。防治黄条跳甲，可使用300克/升氯虫·噻虫嗪（福戈）悬浮剂每667米²用量27.8～33.3毫升，移栽前5～7天，对水稀释1 500～3 000倍液，根据苗床土壤干湿程度，每平方米苗床喷淋或灌根 2～4升药液，移栽时建议带土移栽。也可每667米²选用10%溴氰虫酰胺（倍内威）可分散油悬浮剂24～28克，或5%啶虫脒（莫比朗）乳油60～120毫升喷雾防治。防治甜菜夜蛾，可每667米²选用5%氯虫苯甲酰胺（普尊）悬浮剂30～60毫升，0.5%甲氨基阿维菌素苯甲酸盐微乳剂14～18毫升，或30%虫酰肼（米满）悬浮剂50～60克喷雾防治，施药时应注意在甜菜夜蛾的卵发育末期或幼虫发生初期喷施。

黄条跳甲危害萝卜

 疏通排水沟和温室防雨

　　雨季到来之前将田间排水沟及早疏通，降雨后田间不积水、不涝地。对温室墙体、屋顶进行检查和修缮，确保不漏雨；并对草苫、保温被等保温材料存放情况进行检查，防止因漏雨而造成损失。

大暑篇

　　大暑是二十四节气中的第十二个节气，在每年的7月22日至24日之间，太阳到达黄经120°时。正值"中伏"，为一年中最热的季节，经常会出现35℃的高温天气，高温、强光照、降雨增多，雨涝、冰雹、大风等灾害也发生较为频繁。

　　大暑节气是喜热作物生长速度最快的时期。在这酷热难耐的季节，菜田农活繁忙，菜农防暑降温工作不容忽视。既要做好秋茬作物播种育苗和越夏茬田间管理工作，同时要做好防涝、防灾工作。

秋茬露地蔬菜播种

大暑节气前后正是北方萝卜、白菜的播种适期，农谚有"头伏萝卜二伏菜，有利没有害"说法。露地种植的胡萝卜、贩白菜等北京平原地区最佳播种适期是7月下旬，北京延庆、怀柔、密云等高海拔山区应提前5~10天播种。大红袍卜萝卜播种适期7月下旬至8月初。胡萝卜可选用老北京传统口味品种鞭杆红、红芯228等；贩白菜选用小杂56、小杂60、贝蒂等品种。要施足有机肥做基肥，每667米^{2}施用腐熟、细碎的优质有机肥3 000~4 000千克，或商品有机肥2 000千克以上。提高整地质量，白菜、卜萝卜做成高出地面15厘米左右的高垄，垄距60厘米，垄面用铁锹拍实压平后开沟播种，播种要均匀，覆土深浅一致，播种后及时浇水。胡萝卜采用平畦播种，条播为佳，苗期间苗2~3次，定植株行距10厘米×25厘米，播种深度1~2厘米。还应在露地分批陆续播种一些苋菜、木耳菜、空心菜、香菜、菠菜等耐热的叶类蔬菜，在8~9月淡季上市，弥补市场供应量不足。每667米^{2}施用腐熟、细碎的优质有机肥3 000千克，精细整地后做成长8~10米、宽1.3~1.5米的平畦，采取条播的方式播种，要撒种均匀，覆土深浅一致。

贩白菜小杂60

露地叶菜做畦

 秋茬蔬菜育苗和幼苗管理

秋冬茬日光温室种植的番茄、辣椒、甜椒、茄子等茄果类作物正值播种适期。要选好育苗场所，在降温、通风效果好，浇水、排水均方便的大棚中进行，风口、门口用孔径0.3毫米的防虫网封好。番茄选用金棚11号等抗黄化曲叶病毒品种，甜椒选用结果多、品质好的京甜3号等品种，长茄可选用海丰长茄2号、娜塔莉等品种。还要做好种子消毒和种子处理工作，重点做好番茄黄化曲叶病毒防治工作。采用72穴或50穴的塑料穴盘育苗，选用质量好的育苗专用基质，也可自己配制育苗基质，草炭、蛭石、珍珠岩的比例为2：1：1。浇足水后过6～7小时再播种，要求播种均匀，覆盖蛭石要厚度一致。

秋茬露地种植的花椰菜、甘蓝、生菜、莴笋等作物和温室种植的芹菜正值育苗管理关键时期，此时高温、多雨，幼苗易徒长和受病虫危害，要做好调温、遮光、防雨、防病虫害工作，并及时浇水、追肥，在不利的气候条件下育出适龄壮苗。

 ## 秋茬大棚番茄和黄瓜定植

7月下旬是定植适期，要做好前茬作物拉秧后的清洁田园工作，将残株、

烂叶和棚内外的杂草及时清除干净，运到指定地点进行高温消毒等无害化处理。施用充分腐熟、细碎的有机肥做基肥，按1.5米间距做成小高畦，畦面宽70～80厘米、畦沟宽70厘米。在晴天的傍晚定植，做到密度合理、深浅一致。仙客8号等普通番茄品种和中农16黄瓜每667米²定植3 000株，平均行距

秋大棚定植前做畦

70～75厘米，株距30～33厘米；维纳斯、千禧等樱桃番茄品种和戴多星、迷你2号等水果型黄瓜品种每667米²定植2 200株左右，平均行距75厘米，株距40厘米。定植后及时浇足定植水。

 ## 越夏茬和夏秋茬蔬菜管理和采收

做好大棚和露地种植的番茄、丝瓜、苦瓜、冬瓜、辣椒、茄子和苋菜、木耳菜、空心菜等越夏蔬菜的管理非常重要，因为此期外界环境条件非常不利于作物生长和发育，下午棚内温度可达40℃以上，高温、强光和干旱会使蔬菜品质下降。降雨会使土壤水分过多不利于根系吸收水分和养分，阴雨天

光照不足会使植株徒长，不宜坐果和幼果生长速度慢，并且容易发生病害。

1. **做好遮阳降温** 晴天的10时至15时在棚顶覆盖遮光率60%～70%的遮阳网；也可通过晴天中午在行间浇水或微喷浇水的方法来降低棚温；还可在棚顶喷洒"利良"新型降温材料来降低棚内温度，总之要尽量使作物在适宜的环境条件下生长。

喷"利良"降温

2. **加强植株整理** 及时整枝打杈，同时将下部老叶、黄叶和病叶及时打去，以利通风透光。

番茄打底叶

黄瓜打底叶

3.**辅助授粉，促进坐果** 苦瓜、南瓜在上午采取人工对花的方法，茄子、番茄采用熊蜂辅助授粉或丰产剂二号、果霉宁等植物生长调节剂喷花方法来提高坐果率。幼果坐住后及时疏去多余果实和过大过小的果实，畸形果也要及早疏去。

4.**科学肥水管理** 根据天气情况、土壤情况和植株长势适时浇水追肥，促使植株不徒长、不早衰，多结商品率高的果实。气温高，叶片蒸发量大，一般3～5天浇1次水，每隔7～10天随水追施有机液肥5～10千克，或圣诞树等速溶肥5千克。为快速补充营养，间隔7～10天叶面喷一次，可选用0.3%磷酸二氢钾和0.5%尿素混合喷施，也可喷施海藻酸、腐殖酸类功能性肥料。

5.**及时采收** 温度高生长速度快，成熟的果实要及时采收，采收的最佳时机是晴天的清晨，产品品质好。采收后不能立即销售时应在避光、低温的环境下存放。

 病虫害防治

设施蔬菜处于生产末期或拉秧阶段，拉秧后应对蔬菜残体及时进行无害化处理，防止蔬菜上残存的病虫害传播到下茬作物上继续危害。蔬菜残体无害化处理的方法有简易太阳能高温堆肥或生物菌肥发酵堆肥，前者是在田间地头向阳处将植株残体集中后覆盖透明塑料膜，四周用土压实，堆沤时间根据天气状况决定，7～8月天气晴好时，堆沤10～20天，遇阴雨天气堆沤时间相应延长，可有效杀灭植株中残存的多种病虫。生物菌肥发酵堆制是把拉秧后的蔬菜粉碎后与一定比例的玉米秸秆、畜禽粪便、水混合，使碳氮比为25：1至35：1，含水量达到55%～70%，加入生物发酵菌剂，用塑料膜覆盖堆沤，每7天翻堆一次，堆肥时间一般30～40天。

往年发生过根结线虫危害的地块在拉秧后需对土壤进行消毒处理，才可进行下茬蔬菜生产。可在定植前每667米^{2}使用10%噻唑膦颗粒剂1 500～2 000克进行土壤处理，为确保药效，施药后当天进行移栽。使用方法为全面土壤混合施药，也可畦面施药及开沟施药；将药剂均匀撒于土壤表面，再用旋耕机或手工工具将药剂和土壤充分混合，药剂和土壤混合深度需15～20厘米。也可每667米^{2}使用35%威百亩水剂4 000～6 000克滴灌施药或沟施。滴灌施药时，施药浓度应控制在4%以上，防止药剂分解。沟施时，应在播种前20天，在地面开沟，沟深20厘米，沟距20厘米。每667米^{2}用威百亩对水400千克，将稀释药液均匀的施于沟内，盖土压实后（不要太实），覆盖地膜进行熏蒸处理，如土壤干燥可多加水稀释药液或先浇底水再施药，15天后去掉地膜，翻耕透气，再播种或移栽。土壤处理还可每667米^{2}选用1%阿维菌素颗粒剂1 625 ～ 1 750克，播种时或定植前穴施或沟施。

大白菜整地施肥

前茬拉秧后及早将残株、烂叶和杂草清除干净，运到指定地点进行高温堆肥等无害化处理。每667米^{2}施用腐熟、细碎的优质有机肥5米^3，或商品有机肥3 000千克，撒施均匀后精细整地，等待播种大白菜。

大白菜整地做畦

大葱管理

土壤干旱时及时浇水，早定植的地块要分次培土，拔除行间和地边的杂草。此期正是蓟马等害虫危害最猖獗时期，要及时防治，因大葱叶片表面有一层蜡质，农药喷上去80%滑落下来，影响防治效果，应在配制农药同时加入消抗液或有机硅等农药助剂来保证防治效果。

大葱培土

田间防涝和温室防雨

将田间排水沟及时疏通防止堵塞，做到降雨后田间不积水、不涝地。对温室墙体、屋顶等薄弱部位进行检查和修缮，保温被和草苫保温材料存放情况要经常检查，防止因漏雨而造成损失。进入汛期，时刻关注天气预报，在大雨、暴雨来临之前及时关闭棚室上、下风口，防止雨水灌入棚内。雨后及时排除田间积水，加强田间管理。一是中耕松土、追肥，降低土壤湿度，促进根系生长。二是加强病虫害防治，对过水田块进行田园清洁，清除病（死）植株、枯枝烂叶，减少病虫害的传播机会。加强软腐病、绵疫病、霜霉病、疫病等高温高湿病害的预防措施，降低田间湿度，并采取适当的药剂保护措施。

立秋篇

立秋是二十四节气中的第十三个节气，在每年的8月7日至9日之间，太阳到达黄经135°时。立秋节气预示着炎热的夏天即将过去，秋天即将来临。立秋以后，下一次雨凉快一次，因而有"一场秋雨一场寒"的说法。早在周代，逢立秋节那天，天子亲率三公九卿和诸侯大夫等到西郊迎秋，举行隆重的祭祀仪式。

立秋的天气仍在三伏之中，光照充足，炎热多雨，蔬菜生产上应抓好秋茬作物播种、育苗和田间管理工作。此时农活繁忙，天气炎热，菜农还应做好防暑工作。

秋茬大白菜和萝卜播种

华北平原地区大白菜播种适期为立秋前后3 ~ 5天，高温年份可推迟到8月中旬；心里美萝卜播种适期为8月5日至15日，高海拔的山区播种期要比平原地区提早5 ~ 7天。要施用充分腐熟、细碎的有机肥做基肥，大白菜底肥施用量每667米^2 5 000千克，或商品有机肥3 000千克；心里美萝卜底肥施用量每667米^2 3 000 ~ 4 000千克，或商品有机肥2 000 ~ 3 000千克。提高整地质量，做成高出地面15厘米左右的高畦播种，做到播种均匀，密度合理。大白菜行距60厘米，株距35 ~ 40厘米，每667米^{2}密度2 700 ~ 3 200株。心里美萝卜行距55厘米，株距20 ~ 22厘米，每667米^{2}密度5 500 ~ 6 000株。播种后遇高温天气应及时在行间浇水降温，大白菜要达到苗齐、苗壮、不感染病毒病的幼苗期管理目标，没有滴灌和微喷设施的地块应做到"三水齐苗，五水定棵"。

大白菜做畦

大白菜出苗

秋冬茬番茄等蔬菜育苗

保温性能好的日光温室秋冬茬种植的番茄、辣椒、甜椒、茄子等作物还在播种育苗适期，要选择耐低温、弱光的优良品种，甜椒选用京甜3号等优良品种，长茄子选用海丰长茄2号等优良品种。选好育苗场所非常重要，在地势高燥、能灌能排、通风良好的大棚或专用育苗棚中进行，风口和门口要用防虫网封严。中午棚顶用遮阳网覆盖降温，有条件的最好安装外遮阳和微喷降温设施，为防雨涝四周疏通排水沟。还要做好种子消毒和种子处理工作，重点做好番茄黄化曲叶病毒防治工作，尽量选用金棚11号等抗黄化曲叶病毒的品种。芹菜正值育苗管理关键时期，此时高温、多雨，幼苗容易徒长和受病虫侵害，要做好降温、遮光、防雨、拔草、间苗和防治病虫害工作，在不利的气候条件下育出适龄壮苗。

甜椒育苗

 秋茬露地花椰菜等蔬菜定植

秋茬露地种植的花椰菜、甘蓝、生菜和莴笋等作物需要定植。定植前要施足基肥，每667米²施用腐熟、细碎的有机肥3 000千克，或商品有机肥2 000千克以上。精细整地，做成1.3米宽、8～10米长的平畦，土壤黏重地块需做成高畦，做好排水防涝工作。选晴天的下午定植，栽植不要过深，覆土与苗坨相平或略高，花椰菜、青花菜和松花菜每667米²种植2 500～3 000株，一般平均行距60～65厘米，株距40～50厘米；甘蓝和结球生菜每667米²栽4 000～4 500株，一般平均行距40～45厘米，株距30～35厘米；莴笋每667米²6 000～9 000株，平均行距20～25厘米，株距18～20厘米。定植后及时浇足定植水。

 耐热叶类蔬菜播种

苋菜、空心菜、木耳菜、菠菜、油菜、香菜等耐热性的叶类蔬菜，仍可分批陆续播种，根据预计销售情况决定每批种植面积，一般出苗后30～50天即可采收上市，要精细整地，做成1.3米宽、8～10米长的平畦，采取条播方式，播种均匀，覆土深浅适宜。做好排水防涝工作。

露地叶菜播种

 ## 大棚越夏茬和秋茬蔬菜管理

越夏茬丝瓜、苦瓜、辣椒、茄子和夏秋茬番茄正值开花结果期，秋茬定植的番茄、黄瓜正在幼苗期和开花期，应加强田间管理，促使植株生长健壮，不旺长。

1.做好遮阳降温 立秋过后气温仍然较高，应在晴天11时至15时在棚顶覆盖遮光率60%~70%的遮阳网；也可通过晴天中午在行间浇水或微喷浇水的方法来降低棚温，总之要尽量使作物在适宜的环境条件下生长。

秋大棚移动式遮阳网

2.加强植株整理 及时绕秧，整枝打杈，将下部老叶、黄叶和病叶及时打去，以利通风透光和减少养分消耗。

3.做好果实管理 瓜果类蔬菜在棚室温度过高时不易坐住果实，苦瓜、南瓜在上午采取人工对花的方法，茄子、番茄采用熊蜂辅助授粉或采用丰产剂二号或果霉宁喷花方法来提高坐果率。幼果坐住后及时疏去多余果实和过大过小的果实，畸形果也要及早疏去。

4.科学追肥浇水 根据天气情况、土壤

番茄喷花

情况和植株长势适时浇水追肥，促使植株不徒长、不早衰，多结商品率高的果实。推广水肥一体化方式，追施氮、磷、钾配比合理的肥料。使用水溶性好的速溶肥圣诞树，每吨灌溉水加入圣诞树1～1.5千克，每667米²每次随水追施5千克，根据植株长势情况，一般结果期每隔10天追施1次，也可每间隔7～10天叶面喷肥1次，浓度为500～800倍液。叶面肥还可选用海藻酸、腐殖酸或氨基酸类叶面肥，或选用0.3%磷酸二氢钾加0.5%尿素混合喷施，要避开阳光充足的中午和有露水的早晨喷施，而且尽量喷在叶的背面，以快速补充营养。

5. 及时采收 立秋以后昼夜温差逐渐加大，作物生长速度快，成熟的果实要及时采收。采收的最佳时候是晴天的清晨，产品品质好。采收后不能立即销售时应在避光、低温的环境下存放。

病虫害防治

秋茬设施蔬菜定植前应对棚室进行消毒处理，杀灭棚室内残存的病原菌和害虫，防止病虫害继续在秋茬作物上危害。棚室表面消毒可选用广谱杀菌剂和杀虫剂，如每667米²可用10%苯醚甲环唑（世高）水分散粒剂80～100克、1.8%阿维菌素（爱福丁）乳油40～80毫升等进行棚室表面药剂喷雾或密闭棚室后选用30%百菌清烟剂167～267克，15%敌敌畏烟剂500～600克等进行药剂熏蒸。使用15%噁霉灵水剂等药剂进行土壤消毒处理可有效预防疫病、立枯病等蔬菜苗期病害的发生。育苗时要加强田间排水和通风换气，忌大水漫灌，发现中心病株及时拔除并带出田外妥善处理。

防治病虫害时首选生物农药或低毒高效农药防治。要严格遵守施用农药后过安全间隔期再采收的规定，确保产品的安全。药剂防治苗期疫病可在病害发生初期每667米²选用72%霜脲·锰锌（克露）可湿性粉剂100～167克或50%烯酰吗啉（安克）可湿性粉剂30～40克喷雾，或每平方米苗床使用722克/升霜霉威盐酸盐（普力克）水剂5～8毫升浇灌。病害轻度发生或作为预防处理时使用低剂量，病害发生较重或发病后使用高剂量，注意不同作用机制杀菌剂轮换使用。预防立枯病，可在播种覆土后每平方米苗床使用24%井冈霉素水剂0.4～0.6毫升、

花椰菜虫害

30%噁霉灵（土菌消）水剂2.5～3.5毫升或50%异菌脲可湿性粉剂2～4克，采用浇泼法进行土壤处理，或在苗期发病前每667米²使用3亿孢子/克哈茨木霉菌可湿性粉剂2 700～4 000克对水灌根或1亿孢子/克枯草芽孢杆菌微囊粒剂100～167克喷雾。

 ## 大葱管理

大葱正值植株生长旺盛时期，要做好培土和中耕松土，适时浇水、追肥，在土壤干旱时及时浇水，可结合培土时追施有机肥，每次每667米²追施生物有机肥300千克，或氮磷钾三元复混肥20千克。早定植的地块要分次培土，每次培至叶身与叶鞘交界处。不可埋没心叶。及时拔除行间和地边的杂草。此期正是蓟马等害虫危害最猖獗时期，要及时防治，采用乙基多杀菌素1 500倍液喷雾防治，注意应喷在植株幼嫩部位和地面。因大葱叶片表面有一层蜡质，农药喷上去80%滑落下来，影响防治效果，应在配制农药同时加入消抗液或有机硅等农药助剂来保证防治效果。

 ## 田间防涝和温室防雨

8月20日前仍为汛期，对于温室和大棚设施，短时强降水，排水不及时，会造成雨水倒灌，蔬菜减产，甚至威胁设施安全。一定要做好露地及设施防雨准备。

1.**安全隐患检查**　雨季到来之前对温室墙体、屋顶等部位进行检查，尤其土墙温室，发现问题要及时修缮。对保温被和草苫存放情况也要检查，确保不因漏雨而造成损失。

2.**疏通防水沟**　要将田间排水沟随时疏通防止堵塞，做到日降雨100毫米后田间不积水、不涝地。

3.**关注天气预报**　进入汛期，时刻关注天气预报，在大雨、暴雨来临之前及时关闭棚室的上、下风口，防止雨水灌入棚内。

4.**防涝减灾措施**　雨后及时排除田间积水，加强田间管理。一是中耕松土、追肥，降低土壤湿度，促进根系生长。二是加强病虫害防治。对过水田块进行田园清洁，清除病（死）植株、枯枝烂叶，减少病虫害的传播机会。加强软腐病、绵疫病、霜霉病、疫病等高温高湿病害的预防措施，降低田间湿度，并采取适当的药剂保护措施。

处暑是二十四节气中的第十四个节气，在每年的8月23日或24日，太阳到达黄经150°时。

俗话说，"一场秋雨一场寒，十场秋雨就穿棉"，处暑节气过后气温逐渐下降，日照充足，日照时数逐渐缩短，降雨渐少，有利于蔬菜作物的生长。此时正是设施蔬菜育苗、定植和管理的重要时期，也是露地秋茬蔬菜管理关键时期，同时还要加强病虫害防治工作。

秋冬茬温室蔬菜定植

秋冬茬日光温室番茄、茄子、辣椒等喜温作物定植适期是8月下旬至9月上旬,保温性能好的温室可以越冬栽培,要适当晚些定植。

1.提前扣好棚膜 选用流滴消雾的EVA功能膜,有条件的温室选用PO膜或PEP膜;种植番茄、茄子的温室最好换用新膜。注意种植茄子的温室不要使用聚氯乙烯农膜,否则会影响果实的着色。下幅农膜的底边暂时可不埋入土中,以便放风。但上下风口和门口要用孔径0.3毫米防虫网封严,阻隔蚜虫、粉虱等害虫进入棚室。

2.做好棚室和土壤的消毒 夏季可利用日光高温方法进行土壤消毒,开支小,效果好;还可在定植前对棚室采用硫黄熏蒸方法消毒,每667米^{2}用量3千克,或每立方米空间用量4克,锯末8克,点燃后密封棚室24小时后再放风排烟。也可用45%百菌清烟剂每667米^{2}200~250克或30%速克灵烟剂300~500克,点燃密封棚室3~4小时后再放风,能有效杀灭棚内病菌。

3.施足有机肥做底肥 每667米^{2}施入充分腐熟、细碎的优质有机肥5 000千克,若使用未腐熟的有机肥不仅不能及时供给作物养分,而且造成沤根影响作物生长,还会发生蛴螬等地下害虫危害,所以有机肥必须充分腐熟后再施用。若有机肥源不足,可施用生物有机肥或商品有机肥,每667米^{2}用量3 000千克。

4.精细整地 要提前10~15天施肥耕地,做到耕透、整平、没有明暗坷垃;喜温果类菜生产按照1.4~1.5米的间距做成高畦,畦面宽70~80厘米,畦沟宽70厘米,畦面高出地面15~20厘米,畦面铺设滴灌管或滴灌带。没有滴灌设施的棚室做成瓦垄高畦,在畦中间挖一V形浇水沟,便于冬季采取膜下暗灌的浇水方式。8月下旬定植的棚室应先定植,待缓苗中耕后再覆盖地膜,以防地温过高而影响根系生长;9月初以后定植的棚室因气温逐渐降低,可以先覆盖地膜后再定植。

日光温室做畦

5.定植　选生长整齐、根系发达、大小一致的壮苗定植，要求深浅适宜、密度合理。一般普通番茄品种每667米^{2}栽3 000株左右，樱桃番茄品种栽2 200株；茄子每667米^{2}栽2 000株；甜辣椒每667米^{2}栽3 200株；每畦多栽2～4株以备补苗用。因气温较高，在晴天的下午定植较好，定植后及时浇足水，以利缓苗。

日光温室甜辣椒定植

 ## 露地芹菜定植

露地芹菜8月下旬定植，定植前每667米^{2}施用腐熟、细碎的有机肥4 000千克，精细整地。最好在晴天下午定植，苗子随起随栽，栽苗不宜过深，以短缩茎埋入土内1厘米、心叶留在地面为宜。密度根据土壤肥力和采收时间来掌握，肥力中等条件下，入冬前采收的文图拉等西芹品种每667米^{2}栽5 500株，提前采收的每667米^{2}栽15 000～20 000株。应大小苗分开栽，栽后及时浇水。

 ## 大棚蔬菜管理

秋大棚甜辣椒遮阳网覆盖

秋季大棚种植的番茄、黄瓜等作物正值开花结果期，越夏茬丝瓜、苦瓜、辣椒、茄子等作物也处于开花结果期，这时天气逐渐变凉，有利于开花授粉和果实膨大，应加强田间管理，促使植株多结商品率高的果实。

1.调节适宜的温度、光照和湿度　此时大棚可撤去移动遮阳网，让植株充分见光，但注意棚内湿度控制，黄瓜和甜辣椒喜湿，注意不要缺水，宜小水勤浇。

2.植株调整　及时整枝打杈、绕秧落蔓；黄瓜侧枝先不要打掉，出现瓜纽后留1个瓜，瓜前留2片叶掐尖，越夏茄子、甜辣椒可采取2+2整枝方法，去掉多余的枝条，防止植株过密影响通风透光。

3. 促进坐果 番茄可以采取熊峰辅助授粉或振荡授粉器辅助授粉来增加坐果率；茄子在棚室温度过高时不宜坐住果实，采用安全性好的丰产剂二号喷花或蘸花。

4. 科学浇水追肥 在营养生长期控制水肥，促使植株根系向下伸展，控制地上部分茎叶生长过旺。待第一穗果实长至3厘米大小时再浇水追肥，黄瓜在幼瓜开始伸长时浇水追肥。

5. 加强病虫害防治 高温干旱有利于病毒病发生，应从源头控制和培育无病虫苗入手，预防番茄黄化曲叶病毒病发生。收获后及时清理田间杂草和植株残体，消除传毒介体烟粉虱繁殖栖息场所，适时开展园区内烟粉虱统一灭除行动。尽量选用抗病品种，如金棚10号、金棚11号（粉）、欧拉、达纳斯、迪抗、超级红宝、超级红运、格纳斯、福克斯等。不从番茄黄化曲叶病毒病发生区调运番茄种苗。做好育苗和生产棚室消毒，杀灭棚内烟粉虱的各种虫态，门口和风口用孔径0.3毫米防虫网封严，防止外界烟粉虱进入棚内。育苗棚和生产棚悬挂黄板监测诱杀烟粉虱，一旦发现烟粉虱尽快进行药剂防治。起苗移栽前3～5

秋大棚黄瓜

番茄黄化曲叶病毒病

天每667米^{2}选用25%噻虫嗪（阿克泰）水分散粒剂7～15克喷雾或每株使用250～500毫克/千克的120～200毫克灌根。定植后于烟粉虱产卵初期每667米^{2}选用22.4%螺虫乙酯（亩旺特）悬浮剂20～30毫升喷雾防治；于害虫发生初期选用99%矿物油乳油300～500克，50%噻虫胺水分散粒剂6～8克或10%溴氰虫酰胺（倍内威）可分散油悬浮剂33.3～40毫升喷雾防治。要严格遵守农药安全间隔期的规定，确保农产品质量安全。

露地大白菜管理

首先是及时间苗、定苗。大白菜在幼苗拉十字时第一次间苗，按7～8厘米间距留苗；在4片真叶时第二次间苗，去除小苗、弱苗；在8片真叶时定苗。选留壮苗，淘汰弱苗、病虫危害苗和杂苗。第二是对缺苗断垄及时移栽补苗。对于不能及时播种地块，采取育苗移栽种植方式，幼苗有5～6片真叶时移栽，处暑节前后3～4天正是移栽适期，在晴天下午移栽有利于缓苗，栽

大白菜定苗

后及时浇水。第三是及时中耕松土和除草，晴天温度高时的中午在行间浇水降温。7月播种的贩白菜已进入莲座期，要及时浇水追肥。第四是注意防治病虫害，经常检查病虫发生情况，重点预防病毒、霜霉等病害和蚜虫、甘蓝夜蛾等虫害。

 萝卜和胡萝卜管理

各种萝卜和胡萝卜由幼苗期逐渐进入茎叶生长期，及时间苗、定苗和中耕松土，并结合松土拔除杂草。前期要控制浇水，白萝卜等大型品种待肉质根长至2厘米粗开始迅速膨大时再浇水。在降雨时及时排水，保证田间不积水。

秋茬露地花椰菜等蔬菜管理

秋茬露地种植的花椰菜、甘蓝、生菜等作物进入莲座期,正是发棵长外叶的阶段,首先要中耕松土和蹲苗,促进根系生长,避免叶片生长过旺。如中耕后3～5天遇雨还要中耕,以利于根系生长,蹲苗期一般在15天左右。第二是及时浇水追肥,在蹲苗结束后开始浇水、追肥,每667米²开穴追施三元复混肥15千克。第三要及时防治蚜虫、甘蓝夜蛾等害虫,蚜虫在植株的心叶等幼嫩部位危害,甘蓝夜蛾等青虫类害虫生活习性是白天潜伏夜间危害,所以应选用苏云金杆菌等生物农药或高效、低毒、低残留农药,于夜间或清晨露水未干时防治才有效果。

大葱管理

立秋以后,大葱生长速度加快,要做好追肥、培土和中耕除草。要间隔15天左右培土一次,每次培至叶身与叶鞘连接处,不可埋没心叶。可结合培土时追施有机肥,每次每667米²追施生物有机肥300千克,或氮磷钾三元复混肥20千克。并根据天气适时浇水,及时拔除行间和地边的杂草。并注意防治蓟马危害,采用乙基多杀菌素1 500倍液喷雾防治,注意药液应喷在大葱植株幼嫩部位和地面。因大葱叶片表面有一层蜡

大葱中耕培土

质,农药喷上去80%的药剂会滑落下来,影响防治效果,应在配制农药同时加入消抗液或有机硅等农药助剂来保证防治效果。

露地架豆和豇豆管理

6月下旬播种的架豆和豇豆已进入开花、结荚期,要根据天气、土壤和植株长势情况及时浇水、追肥,架豆在嫩荚长至3～4厘米时开始浇水追肥,降雨后和浇水以后浅中耕防治土壤板结。还要注意防治锈病和蚜虫、豆荚螟等害虫。在嫩荚最佳商品期及时采收。

白露篇

　　白露是二十四节气中的第十五个节气，在每年的9月7日至9日之间，太阳到达黄经165°时。露是由于温度降低，水汽在地面或近地物体上凝结而成的水珠，所以，白露是表明天气已经转凉的意思。

　　白露节气降雨渐少，晴天多，光照充足，气候温和，昼夜温差大，非常适合各种蔬菜作物的生长。要抓住有利时机，种好管好秋茬露地和秋冬茬设施蔬菜，还要做好越冬茬设施蔬菜育苗工作。

大白菜管理

秋播大白菜正值莲座期，此时外界气温逐渐降低，大白菜生长速度加快，外叶的形成，球叶的分化，根系的下扎和增粗均在此时期，是为包心打基础的时期，是产量形成的重要阶段，也是管理的重要时期。

大白菜莲座期

1.**中耕除草** 大白菜进入莲座期，在未封垄前要进行一次中耕除草，在晴天叶片较软时进行，以免损伤叶片。要掌握"深锄沟，浅锄背"的原则，垄背深度不超过4厘米，垄沟深度可达8～10厘米，在封垄后不再中耕。

2.**水肥管理** 在结束蹲苗后开始浇水、追肥，可采取开穴或开沟的追肥方式，每次每667米^{2}追施生物有机肥300千克或氮磷钾三元复混肥20千克；也可采取随水追肥的方式，每667米^{2}追施氮磷钾全面的液体肥8～10千克；浇水间隔时间要根据天气情况、土质和植株长势来掌握，但每次浇水量不宜过多，以小水勤浇为宜。一般间隔5～7天浇水1次，水量要均

大白菜微喷带浇水

93

匀，防止大水漫灌。近年来一些地块干烧心病害发生较多，要控制氮素化肥的用量，增施磷钾肥，合理浇水，尤其是莲座期至结球初期不可缺水。

3.病虫害防治　大白菜、甘蓝、花椰菜等秋茬露地十字花科蔬菜注意防治病虫害，对病害加强田间检查，发现中心病株及时防治，重点预防大白菜霜霉病、黑斑病、黑腐病、软腐病、病毒病等病害。害虫大多为甜菜夜蛾、甘蓝夜蛾等夜蛾类害虫，白天躲藏起来，夜间出来危害，若白天喷药往往起不到效果，应在夜晚或清晨露水未干时施药才有效果。秋露地架豆和豇豆注意防治锈病和蚜虫、豆荚螟等病虫害。近年来一些地块干烧心病害发生较多，要控制氮素化肥的用量，增施磷钾肥，合理浇水，尤其是大白菜莲座期至结球初期不可缺水。

防治大白菜霜霉病，可在发病前或发病初期每667米²选用687.5克/升氟菌·霜霉威（银法利）悬浮剂60～75毫升，70%丙森锌（安泰生）可湿性粉剂150～214克或45%代森铵水剂78毫升等药剂喷雾防治。防治黑斑病，每667米²可用10%苯醚甲环唑（世高）水分散粒剂42.5～50克，430克/升戊唑醇（好力克）悬浮剂19～23毫升，或4%嘧啶核苷类抗菌素水剂400倍液，在病害发生初期进行叶面喷雾处理，每隔7～10天施用1次，连续施用2～3次。防治蚜虫可用1.5%除虫菊素乳油800倍液，每5天喷1次，连续喷2次；菜青虫可用2.5%高效氯氰菊酯乳油1 000～1 500倍液防治。

萝卜和胡萝卜管理

各种萝卜先后从叶片生长期转入破肚期和肉质根生长期，这两个阶段的水分管理是不同的。在叶片生长期应以控制浇水为主，若过早浇水会促进叶片生长过旺而影响肉质根的生长。到破肚期说明转入肉质根生长期（破肚期标志是肉质根侧面上下裂开一条缝，肉质根开始直立生长），要适时浇水，并经常保持土壤湿润，才能使肉质根很好生长，若底肥施用充足一般不需追肥；同时做好中耕除草和及时防治蚜虫、菜青虫等害虫工作。胡萝卜仍在叶片生长期，要控制浇水，若多日无雨，土壤干旱、植株生长缓慢时可浇1次水，主要做好中耕除草和防治蚜虫工作。

萝卜破肚期

秋冬茬温室蔬菜定植和管理

　　保温性较好的日光温室仍可定植番茄、茄子和甜辣椒等喜温性作物。要提前扣好棚膜做好棚室和土壤的消毒，施足有机肥做底肥，每667米²施入充分腐熟、细碎的优质有机肥5 000千克以上；要提前10～15天施肥和精细整地，做到耕透、整平、没有明暗坷垃；番茄按1.4～1.5米的间距做成高出地面15～20厘米的高畦或瓦垄高畦，以南北向做畦有利于作物生长。瓦垄高畦适合没有滴灌设施的棚室，在畦中间挖一V形浇水沟，便于在冬季采取膜下暗灌

膜下暗灌

的浇水方式。要求畦垄宽70～80厘米，畦沟宽70厘米。每畦定植2行，采取大小行的种植方式，大行间距100～110厘米，小行间距40～50厘米，平均行距70～75厘米。要保证定植质量，选生长整齐、大小一致的壮苗定植，定植的质量要求是深浅适宜、密度合理。株距因品种而不同，一般金棚11号等普通番茄品种每667米²栽3 000株左右，摩斯特、粉娘2号等樱桃番茄品种每667米²栽2 200株，每畦多栽2～4株以备补苗用。因气温较高，在晴天的下午定植较好，定植后及时浇足水，调节适宜的温度和光照，沙壤土棚室定植后3～5天再浇一次缓苗水，并及时中耕松土促进缓苗。

日光温室越冬茬喜温蔬菜育苗

　　1. 育苗时期　保温性能好的日光温室（保温性能在25℃以上）可以种植越冬茬的喜温作物。番茄、辣椒、茄子等茄果类作物，在9月上中旬育苗；黄瓜、西葫芦等瓜类作物在9月下旬育苗。保温性能在20℃左右的保温性能中等温室适宜种植秋冬茬的黄瓜、西葫芦等瓜类作物，在9月上旬育苗。

　　2. 选用适宜的优良品种　应选用耐寒性好、耐低温弱光、在低温寡照条件下连续坐果能力强的品种。黄瓜可选用中农26等品种，采取嫁接育苗方式，选用脱蜡粉、风味好的北农亮砧等褐籽南瓜作为嫁接砧木；番茄选用金

棚11号、仙客8号等品种；茄子选用京茄6号、海丰长茄2号等品种；西葫芦可选用京葫12、京葫36等品种。

3.**育苗方式** 采取50穴或72穴的塑料穴盘育苗，以草炭、蛭石、珍珠岩按体积比2∶1∶1配制基质，也可购买配制好的专用基质。做好种子处理和番茄黄化曲叶病毒病预防工作。

秋大棚蔬菜管理和采收

黄瓜已经陆续采收，番茄正值坐果和果实膨大期，越夏栽培的茄子、辣椒也正值果实采收期，应加强田间管理，促使植株多结商品率高的果实。

番茄果实膨大期

1.**调节适宜的温度、光照和湿度** 番茄等喜温类蔬菜适宜温度为白天23～28℃，夜间15～18℃；芹菜等喜冷凉蔬菜适宜温度为白天20～22℃，夜间10～12℃；遮阳网不必要再覆盖，使作物尽量增加光照；根据不同作物来调节室内空气湿度，甜辣椒、黄瓜和叶类蔬菜适宜60%～85%，番茄、茄子适宜45%～55%。

2.**整枝打杈** 及时去除老叶、黄叶和侧枝，有利通风透光和植株结果。番茄长至预定果穗时及早摘心，一般留3～4穗果实，在9月20日以后不再留果。黄瓜、南瓜等要及时绕秧和落蔓，以延长植株生长来多结瓜。

3.**果实管理** 番茄、茄子可以采取熊峰或振荡授粉器辅助授粉来增加坐果率；在花粉较少时采用调节剂喷花或蘸花辅助授粉，可选用丰产剂二号、果霉宁等对产品安全、不易出现畸形果的产品。待每穗果坐住后，选留大小相近，果形周正的果3～4个，及早疏去多余的果实和畸形果。

4.**科学浇水追肥** 根据天气情况、土壤情况和植株长势来浇水追肥，满足生长和发育需要。应大力推广水肥一体化技术，番茄果实膨大期一般每隔5～10天滴灌1次，每次每667米² 灌水10～12米³；每次结合滴灌施用营养全面、配比合理的速溶肥圣诞树（氮磷钾含量为16∶8∶34）每667米² 4～6千克，视番茄长势，可在某次滴灌时停止加肥一次，但在下一次滴灌施肥时要适当增加肥料用量。

文丘里施肥器

5.**病虫害防治** 特别要预防番茄黄化曲叶病毒病的发生，门口和风口用孔径0.3毫米的防虫网封严，及时控制烟粉虱的危害。在降雨后和温度低时及时关闭风口，避免形成低温高湿的环境，预防番茄晚疫病和黄瓜霜霉病。若发生番茄病毒病，及早拔除病株，在发生初期喷洒0.5%香菇多糖水剂800倍或8%宁南霉素水剂喷雾，10

番茄晚疫病

天1次，连续喷2次；防治番茄晚疫病可用72%霜脲锰锌可湿性粉剂800倍液喷雾；黄瓜霜霉病可用80%代森锰锌可湿性粉剂600 ~ 800倍液喷雾防治。

6.**及时采收** 果实应及时采收，以防止坠秧。在晴天清晨采收品质好，提高整修质量，大小果实分开出售，提高商品价值。

 ## 露地速生叶菜播种

可陆续播种油菜、菠菜、茼蒿、香菜、油麦菜、茴香、樱桃萝卜、小水萝卜等速生蔬菜，在9月下旬至10月上旬采收上市，以满足国庆节前后市场需求。要精细整地，均匀播种，覆土深浅适宜，保证出苗所需土壤墒情。

露地花椰菜等蔬菜管理

秋茬露地种植的花椰菜、甘蓝、生菜等作物进入莲座期，正是发棵长外叶的阶段，应做好中耕松土和除草，并及时浇水、追肥，注意防治甘蓝夜蛾等青虫类害虫危害。

花椰菜莲座期

 ## 大葱管理

做好培土、中耕除草和蓟马防治工作。麦收以后定植的地块要再培土1～2次，每次培至叶身与叶鞘交界处，不可埋没心叶。并根据天气适时浇水。及时拔除行间和地边的杂草。大葱注意预防蓟马危害，可每667米^{2}采用10%溴氰虫酰胺（倍内威）可分散油悬浮剂18～24毫升喷雾防治，在作物生长早期用药，使用时将pH调至4～6。也可每667米^{2}使用70%吡虫啉水分散粒剂4.5～6克喷雾防治。注意药液应喷在大葱植株幼嫩部位和地面。因大葱叶片表面有一层蜡质，葱叶近直立生长且叶面积相对较小，对农药的附着性差，影响防治效果，应在配制农药的同时加入有机硅等农药助剂来提高防治效果。

 ## 露地架豆等蔬菜管理和采收

秋季种植的架豆、豇豆正值采收盛期，要在最佳商品期及时采收。因植株茂盛、天气干燥、水分蒸发量大，要做好浇水、追肥管理，一般7天左右浇水1次。并做好蚜虫、豆荚螟、锈病等病虫害防治工作。

 ## 大蒜播种

秋播越冬大蒜在9月中旬播种，建议选择品质好、风味浓的紫皮蒜品种。提前施肥整地，注意一定要施用充分腐熟细碎的有机肥，精细整地。播种均匀、深浅一致，覆土薄厚适宜，播种后及时浇水。

秋分篇

　　秋分是二十四节气中的第十六个节气，在每年的9月22日至24日之间，太阳到达黄经180°时。分就是半，是秋季九十天的中分点。

　　秋分时节，我国大部分地区已经进入凉爽的秋季，南下的冷空气与逐渐衰减的暖湿空气相遇，产生一次次的降水，气温也一次次下降，日平均气温降到了22℃以下。但秋分之后的日降水量不会很大。凉风习习、秋高气爽的秋分时节，气候温和、光照充足，非常适合各类蔬菜的生长发育，是蔬菜生产管理上比较忙的节气，农事活动有以下几个方面。

日光温室秋冬茬喜温蔬菜定植

日光温室越冬茬番茄、茄子、辣椒等喜温蔬菜作物正值定植适期，要求种植越冬茬喜温作物的温室保温性能达到25℃以上（即在外界最低温度在−15℃时，棚室内最低温度在10℃以上），使喜温作物能正常生长，较好地供应元旦、春节等节日前后及来年春季的市场供应。

1. **选用棚膜** 要提前做好棚室消毒和扣好农膜，选用保温和透光性好、有流滴和消雾功能的EVA农膜，有条件的最好选用PO膜或PEP膜，必须留上下两道风口。在棚室的风口和门口安装孔径0.3毫米的防虫网，阻隔害虫进入棚室。

2. **整地施肥** 在定植前15天整地施肥，每667米² 施用腐熟、细碎的优质有机肥5 000千克以上，有机肥源困难的可施用生物有机肥或商品有机肥3 000千克，精细整地，做到地平、畦平、疏松、无明暗坷垃；做成高出地面20厘米的高畦，覆盖银灰色地膜，不仅起到保墒、提高地温、降低棚内空气湿度的作用，而且有驱避蚜虫和防杂草作用。推广膜下滴灌和水肥一体化的方式，有利于节水和提高肥料利用率；确实不具备条件的也要实行膜下暗灌的节水灌溉方式，在定植畦面两行之间挖V形浇水沟覆盖地膜，冬季从膜下沟内浇水，有利于降低室内空气湿度，降低病害的发生。

滴灌带铺设

3.定植　应选择在晴天的下午定植，定植时应做到深浅一致、密度合理，金棚11号、仙客8号等普通番茄品种每667米²栽3 000株左右，平均行距70～75厘米，株距30～35厘米；普罗旺斯、欧冠等进口品种和千禧等樱桃番茄品种，每667米²栽2 000～2 200株，平均行距75厘米，株距40厘米。定植后及时浇足定植水。

越冬根茬菜播种

露地种植的越冬根茬菠菜、小葱在9月下旬播种最为适宜，同冬小麦播期基本相同。农谚说，"白露早、寒露迟、秋分播种正当时"。若播种过早，越冬时幼苗过旺，抗寒能力弱；若播种过晚，幼苗太小。这两种苗均不容易安全越冬，并且产量低。要提前整地施肥，每667米²施用腐熟、细碎优质有机肥3 000千克或商品有机肥2 000千克以上。菠菜要选用抗寒性好的菠杂1号等品种，每667米²用种量3.5～4千克。将地耕翻整平后，做成1.3～1.5米宽的平畦，畦长10米左右。采取条播或撒播的播种方式，应做到播种均匀，覆土深浅一致，墒情适宜。

设施蔬菜管理和采收

秋茬种植的塑料大棚正值果实采收盛期，日光温室蔬菜正值幼苗生长期和开花期，是田间管理的关键时期。

1.调节适宜的生长环境条件　进入秋分节气，温度变化频繁，昼夜温差大，要随外界温度变化通过开闭风口来及时调节室内温度。番茄等喜温类蔬菜适宜温度为白天23～28℃，夜间15～18℃；芹菜等喜冷凉蔬菜适宜温度为白天20～22℃，夜间10～12℃。尽量增加光照，番茄、黄瓜等喜光作物必须保证棚膜透光率高于60%，最好更换具有流滴消雾功能的新膜，将能用的旧膜换到甜辣椒或叶类蔬菜棚室。根据不同作物来调节不同的空气相对湿度，番茄、茄子适宜比较干燥的环境，相对湿度45%～50%，甜辣椒、黄瓜和叶类蔬菜喜湿润的环境，相对湿度60%～85%，要通过放风和浇水来调节室内湿度。

秋大棚黄瓜结瓜期

樱桃番茄盛果期

2.科学浇水追肥　温室刚定植作物缓苗后要蹲苗10～15天，控制浇水促进根系生长和下扎，待幼果坐住开始膨大时再浇水追肥。大棚作物果实生长迅速，叶片水分蒸腾量大，需根据天气、土壤墒情和植株生长情况来合理浇水追肥。以随滴灌施用营养全面、配比合理的圣诞树等速溶肥为宜，每667米^{2}施5～8千克为宜。每间隔7～10天叶面喷肥1次，以快速补充生长所需的营养。

3.做好整枝打杈、疏花疏果　及时去除植株老叶、黄叶和侧枝，疏去过多的果实和畸形果实。秋大棚番茄在9月20日以后坐的果实一般不能成熟，应及早疏去。

4.做好病虫害防治　设施蔬菜注意防治番茄叶霉病、黄瓜白粉病、根结线虫病等病害，以及蚜虫、蓟马、斑潜蝇、粉虱等虫害。防治设施蔬菜根结线虫病，除播种或定植前进行土壤消毒处理外，还可以在定植缓苗后每667米^{2}使用10亿孢子/毫升蜡质芽孢杆菌悬浮剂4.5～6升、3%阿维菌素微囊悬浮剂400～500克、0.5%氨基寡糖素水剂600～800毫升等药剂灌根。

根结线虫危害番茄

5.及时采收　及时采收既能提高商品率，又能防止果实坠秧而影响植株继续结果。采收时要轻拿轻放避免损伤果实，并按不同规格分类包装出售。

大白菜管理

秋播大白菜到了包心初期，提早播种的贩白菜进入包心中期，正是形成产量的关键时期。要做好追肥、浇水，确保养分和水分的均衡供应。一般间隔7～10天浇1次水，每次每667米^{2}随水追施氮磷钾三元有机液体肥10千克；贩白菜已到包心中后期，9月底至10月中旬陆续采收，应在采收前20天停止追肥。每间隔7天左右叶面喷肥1次，以雷力2000等功能性肥料效果好，以快速补充营养，促进生长。近年来一些地块干烧心病害发生较多，要控制氮素化肥的用量，增施磷钾肥，叶面喷施钙肥，合理浇水，尤其是结球包心期不可缺水。

大白菜包心期

露地大白菜菜垄中湿度过大是病害传播的主要原因，一定要避免大水漫灌，以浇小水为宜，发现病株后及早防治。做好霜霉病、软腐病、甘蓝夜蛾等青虫类、蚜虫等病虫害防治。对病害加强田间检查，发现中心病株及时防治。青虫大多为夜蛾类害虫，白天躲藏起来，夜间出来危害，若白天喷药往往起不到效果，应在夜晚或清晨露水未干时施药才有效果。防治大白菜黑腐病，可每667米^{2}使用6%春雷霉素可湿性粉剂25～40克喷雾防治。防治软腐病，可每667米^{2}选用20%噻菌铜（龙克菌）悬浮剂75～100毫升，100亿芽孢/克枯草芽孢杆菌可湿性粉剂50～60克，或5%大蒜素微乳剂60～80克喷雾防治。

萝卜和芥菜管理

露地秋季种植的各类萝卜和芥菜正值肉质根膨大期，首先应及时浇水，保证水分供应均匀，不要使土壤过分干旱，也不要一次浇水量过多。底肥施用数量少的萝卜，可以每667米^{2}随水冲施含氮磷钾的有机液体肥料6～10千克。其次是及时防治蚜虫、菜青虫和病毒病、软腐病等病虫害。

露地快熟菜播种与定植

9月中下旬露地还可播一茬油菜、茼蒿、生菜、菠菜、香菜、芹菜、樱桃萝卜等快熟的叶类和根茎类蔬菜，在30～50天后采收上市。油菜、芹菜和生菜采取提前育苗移栽的方式，菠菜、茼蒿、茴香、樱桃萝卜等采取直接播种的方式。

 日光温室耐寒蔬菜定植与播种

日光温室芹菜定植

保温性能较差的日光温室适宜种植甘蓝、花椰菜、莴笋、芹菜、生菜、白萝卜、菠菜、油菜、盖菜（芥菜）等耐寒性较好的蔬菜，秋分节气正是定植和播种的适期。要提前清洁田园，将前茬的残株、烂叶和杂草清除干净，棚室四周的杂草也应同时清除干净，一起运到指定地点进行高温堆肥或臭氧消毒等无害化处理，杜绝堆放在棚外，形成病虫害的传染源。每667米^{2}施用腐熟、细碎的有机肥3 000千克或生物有机肥2 000千克，耕耙后与土壤掺匀，除萝卜做成高畦直接播种外，其余蔬菜适宜做成平畦。芹菜、生菜、盖菜和油菜采取育苗移栽的方式。选晴天的下午定植，按照深浅一致、密度合理的标准定植，及时浇足定植水。

大葱管理和采收

进入农历八月，早期定植的大葱可以陆续采收，农谚说，"八月葱九月空"，说明采收过晚会影响其商品性，所以要根据市场需求及时采收。不到采收期的地块应适时浇水和防治蓟马等害虫。

大葱采收期

寒露篇

　　寒露是二十四节气中的第十七个节气，在每年的10月7日至9日之间，太阳到达黄经195°时。农谚说，寒露节气是"露水已寒，将要结冰"。此时气温较秋分时更低，露水更多，原先地面上洁白晶莹的露水即将凝结成霜，寒意愈盛，故名寒露。

　　10月上旬北京地区已开始下霜，月平均气温降至15℃左右，昼夜温差大，光照充足，适合各类蔬菜的生长和发育，露地黄瓜、架豆等喜温性蔬菜进入拉秧期，甘蓝、花椰菜、生菜等耐寒性和半耐寒性蔬菜正值生长旺盛季节。寒露节气的菜田农事活动逐渐由露地转入设施内，主要有以下几方面。

日光温室覆膜和上保温材料

1. 覆盖棚膜 进入寒露节气外界气温逐渐降低，日光温室和小拱棚没有扣膜或需要更换棚膜的都要及早覆盖，以防早霜危害。日光温室种植番茄、黄瓜、辣椒、茄子等喜温性作物，要选用保温透光性好的EVA流滴消雾棚膜，有条件的棚室最好选用PO或POP及PEP功能膜，膜的厚度在0.1毫米以上。种植番茄、黄瓜、茄子和根茎类蔬菜等喜光作物的棚室必须使用透光率高的新棚膜，甜辣椒和叶类蔬菜可以使用旧棚膜。扣膜时要留上下两道风口，即三幅棚膜的覆盖方式，有利于作物的生长，在棚室的风口和门口安装孔径为0.3毫米的防虫网，阻隔害虫进入棚室。种植茄子的棚室和有机食品生产的棚室均不能使用聚氯乙烯（PVC）棚膜。

2. 覆盖保温材料 在外界气温低于15℃时及时上草苫或保温被保温。必须选用保温性能好的草苫或保温被，具体标准为：草苫每平方米重量在4千克以上，而且厚实均匀，从棚内看不透亮；保温被厚度在4厘米，每平方米重量在1.5千克以上，还要选择具有防水功能的保温被。

3. 及时通风 温室扣膜后要注意通风，使作物逐渐适应覆膜后的生长环境，要根据不同作物来调节适宜的温度，防止高温出现徒长苗。

日光温室黄瓜和西葫芦定植

日光温室西葫芦

黄瓜和西葫芦定植时期要根据温室的保温性能来确定，保温性能中等的温室（保温效果在20℃左右，即冬季外界最低气温在−15℃时，棚内最低气温能达到5℃）在10月上旬定植，保温性能好的日光温室（保温效果在25℃以上，即冬季外界最低气温在−15℃时，棚内最低气温能达到10℃以上），可以越冬栽培。

1. 定植时期 保温性能好的棚室最佳定植期在10月下旬至11月上旬，产品供应翌年元旦、春节及春季市场；若保温性能低于25℃的棚室只能种植秋冬茬，在10月初定植，在翌年1月底温度最低时拉秧。

2.**清洁田园** 为了减少病原菌和虫卵，减轻病虫害的发生，上茬作物生产结束后要及时拔秧，并清理干净残根、落叶和杂草，集中运出棚室外进行高温堆肥或臭氧消毒等无害化处理，避免堆放在棚室外形成病虫害传染源。

3.**整地施肥** 要提前做好棚室消毒和整地施肥，每667米^{2}施用腐熟、细碎的优质有机肥5 000千克以上，坚决杜绝施用未腐熟有机肥，不仅不能给作物提供营养，还容易形成沤根现象造成死苗，而且加重地下害虫的危害。为此，有机肥源有困难的棚室可以购买施用生物有机肥或商品有机肥，每667米^{2}用量3 000千克。深耕30厘米左右，将耕层土壤耕耙疏松、平整、没有明暗坷垃后，按照不同作物的密度要求，做成高出地面20厘米的高畦，畦面上覆盖银灰色地膜。

4.**定植** 选择晴天的下午定植，瓜类作物要浅栽，苗坨与地面相平为宜，做到深浅一致，密度合理。中农26号等普通黄瓜品种每667米^{2}栽3 000株左右，平均行距70 ～ 75厘米，株距30 ～ 33厘米；戴多星等水果黄瓜品种每667米^{2}栽2 200株左右，平均行距75厘米，株距40厘米；京葫36号等西葫芦品种每667米^{2}栽1 300株左右，平均行距100 ～ 120厘米，株距50厘米。

地膜覆盖

日光温室蔬菜管理

早定植的番茄、茄子、辣椒等喜温性作物已进入开花坐果期，管理好坏对产量和品质影响很大，所以要加强田间管理。首先要调节适宜的温度、光照和水分等生长环境，白天适宜温度23 ～ 28℃，夜间15 ～ 18℃，经常擦洗棚膜使作物尽量多见光；第二是及时吊蔓、绕蔓和整枝打杈；第三是适时浇水、追肥，每次不宜浇大水，最好采用水肥一体，小水勤浇，肥料宜选择水溶性好的水溶肥和有机液肥；第四

日光温室黄瓜

是番茄、茄子适时采取辅助授粉措施促进坐果，并及早疏去过多的果实和畸形果实；第五是防治病虫害，尤其是重点预防番茄黄化曲叶病毒病、叶霉病、辣椒疫病和茄子黄萎病发生。

大棚蔬菜管理和采收

大棚番茄、黄瓜、茄子、甜辣椒等喜温性蔬菜已到果实采收中后期，要做好调节棚内适宜温度和保温防寒工作，遇低温天气可在夜间棚室下部四周围一道草帘或保温被来保温。适时浇水和叶面喷肥来促进生长，在拉秧前30天停止追施肥料。及早疏去畸形果、病虫危害果和不能成熟的果实；并及时采收果实以防止坠秧。注意做好番茄晚疫病、黄瓜霜霉病、红蜘蛛、白粉虱等病虫害的防治工作。

大棚甜辣椒采收期

芹菜、生菜、花椰菜、莴笋等喜冷凉性蔬菜正在生长盛期，要加强浇水、追肥和调节适宜温度管理，白天适宜温度18～22℃，夜间10～12℃；做好灰霉病和花椰菜黑腐病、芹菜叶斑病等病虫害防治工作。

大白菜等蔬菜管理

大白菜、萝卜、胡萝卜等蔬菜正值生长迅速时期，要加强田间管理，及时浇水、追肥。特别是萝卜、胡萝卜要浇水均匀，若基肥施用充足一般不需追肥。大白菜正值包心中期，要经常保持土壤湿润，直至收获前不可缺水，浇水间隔时间要根据土壤和天气情况来确定，壤土地块一般间隔7天，沙壤土地块渗水快，间隔5天浇1次水。随水追施1～2次氮磷钾有机液体肥料，每次每667米^{2}施5～8千克，在霜降节以后不再追肥。

露地蔬菜管理和采收

　　露地种植的黄瓜、架豆、茄子、辣椒等喜温性作物已停止生长，要及早拉秧腾地。对于贩白菜和油菜、茼蒿、生菜、菠菜、香菜、芹菜、小萝卜等早熟蔬菜已经陆续能够采收，要在最佳商品期及时采收。并及时浇水和防治蚜虫等害虫，必须注意过了施药安全间隔期再采收，确保产品的安全。露地种植的芹菜可以采取扣小拱棚加盖草苫的方法来保温，可延期收获1 ～ 2个月。

病虫害防治

　　寒露节气昼夜温差加大，降水减少，设施果菜重点要预防番茄黄化曲叶病毒病、茎基腐病、辣椒疫病、茄子绵疫病和黄萎病等病害，加强粉虱、斑潜蝇等小型害虫的防治。芹菜、生菜、莴笋等叶类蔬菜注意预防灰霉病、叶斑病、斑枯病等病害发生。露地蔬菜重点防治甜菜夜蛾、菜青虫、蚜虫等害虫。

　　防治番茄黄化曲叶病毒病，除加强源头控制外，还可以在病害发生前或初期每667米^{2}喷施0.5％香菇多糖水剂160 ～ 250毫升、8％宁南霉素水剂75 ～ 100毫升或6％寡糖·链蛋白（中保阿泰灵）可湿性粉剂

芹菜斑枯病

7.5 ～ 10克等药剂。防治芹菜叶斑病和斑枯病，每667米^{2}使用10％苯醚甲环唑（世高）水分散粒剂67 ～ 83克和35 ～ 45克在发病前或发病初期叶面喷雾。防治十字花科甜菜夜蛾、菜青虫、蚜虫等害虫，可每667米^{2}选用15 000IU/毫克苏云金杆菌水分散粒剂25 ～ 50克、2％苦参碱水剂15 ～ 20毫升或1.5％除虫菊素水乳剂120 ～ 180毫升等药剂喷雾防治。

大葱采收

　　进入10月大葱要及早采收，若采收过晚会影响其商品性，有农谚说"八月葱九月空"。所以，要根据市场需求及时采收出售。一时不能销售时，应采取贮存方式来增加售价。

霜降篇

　　霜降是二十四节气中的第十八个节气，也是秋季的最后一个节气，是从秋季到冬季的过渡节气。在每年的10月22日至24日之间，太阳运行到黄经210°时。

　　霜降节气气候特点是天气渐冷，开始有霜冻，草木逐渐落黄，呈现出一派深秋景象。随着秋霜的降临，露地的喜温蔬菜作物已经拉秧，萝卜、大白菜和叶类蔬菜即将停止生长，大棚蔬菜生产即将结束，应及时采收；温室蔬菜生产正是定植和管理的关键时期。

大白菜等蔬菜管理与采收

　　秋播的大白菜正值包心后期，要加强后期浇水管理，保持土壤湿润状态。一般每隔5～7天浇水1次，浇水时要求水量均匀，防止大水漫灌，在采收前7～10天停止灌水。应在气温降至0℃前及时砍菜以防受冻，农谚有"立冬不砍菜，必定要受害"之说。一般北京市大兴、通州、顺义等平原地区砍菜适期在11月3日至7日；延庆、密云、怀柔等北部山区要根据当地气候变化应提前5～10天。

　　萝卜和胡萝卜即将停止生长。农谚说，"马蹄响，萝卜长"，指的是天气不太冷时人们还在用骡马劳作运输，萝卜就能生长。所以在采收前7天左右应浇1次水，在新叶停止生长时及时采收，并随时关注温度的变化，在外界温度降至1℃以前及时采收。一般北京市大兴、通州、顺义等平原地区采收适期在10月29日至11月1日，延庆、密云、怀柔等北部山区应提前5～10天。拔出萝卜后拧下萝卜缨，将萝卜堆成圆形小堆，用萝卜缨盖住，陆续出售。胡萝卜应在在外界温度降至2～3℃以前及时采收，一般北京市大兴等平原地区采收适期在10月26日至30日。采收后选适当地点挖窖，待外界气温降至0℃以下时入窖贮存。

大白菜包心后期

 秋季大棚蔬菜管理

　　秋大棚茬口番茄、黄瓜、茄子、辣椒等喜温性作物要加强保温防寒工作，晚上关严风口，棚室四周贴地面围一道1～1.2米高的草帘或旧保温被，门口挂保温门帘；并适时浇水和及时采收。对于不能转色的番茄果实，在夜间最低温度降至8℃时及时采收，放到温度较高的温室或闲置房屋中后熟。芹菜、生菜、油菜、菠菜、萝卜等耐寒性蔬菜要加强浇水、防虫等管理工作。

日光温室越冬茬瓜类蔬菜定植

　　保温性能在25℃以上的日光温室，可以种植越冬茬的黄瓜、西葫芦等瓜类作物，10月下旬至11月初为定植适期，要提前10天做好施肥和整地工作，每667米²施用充分腐熟、细碎的优质有机肥5 000千克，肥源有困难的可选用生物有机肥或商品有机肥3 000千克。瓜类作物对土壤整地质量要求严格，要精细整地，耕深30厘米以上，达到疏松、平整、没有明暗坷垃的标准；黄瓜按照1.4～1.5米的间距做畦，大小行种植方式，大行距1～1.1米，小行距40厘米；西葫芦按照1米的间距做畦，都要做成高出地面20～25厘米的高畦，畦面覆盖地膜，最好覆盖上面银灰色下面黑色的双色地膜，具有驱虫、防杂草以及增温保湿的作用。采取膜下滴灌或膜下暗灌的浇水方式。具体密度按品种而定，普通黄瓜品种每667米²栽3 000～3 300株，水果型黄瓜品种每667米²栽2 200株左右，西葫芦每667米²栽1 200～1 800株。选择晴天定植，做到适当浅栽，农谚"深栽茄子，浅栽瓜""黄瓜露坨，茄子没脖"，就是说定植应以苗坨与地面相平为宜。定植后及时浇足定植水，若定植水浇不足会影响根系生长，对植株生长和结果产生影响。滴灌浇水方式应仔细检查是否有滴孔堵塞，若堵塞应及时疏通，避免出现个别幼苗浇不上水的现象。

越冬茬黄瓜定植

日光温室喜温蔬菜管理

秋冬茬和越冬茬的番茄、茄子、辣椒等喜温作物正值开花结果期，要加强管理，促使多结商品率高的果实。

1.**中耕松土**　缓苗后要控制浇水蹲苗，并在墒情适宜时中耕1～2次，促进根系生长，为高产打下基础，同时将杂草铲除。

2.**防寒保温**　将下幅棚膜底部用土埋好，后窗用碎草等秸秆填满墙体，外面用泡沫板或草帘封严，同时排风扇孔及其他缝隙也要用保温材料封严。当外界夜间气温降至15℃时覆

双层保温材料

盖保温被或草苫等保温材料。要选用保温性好的材料，保温被厚度在2.0厘米以上，并有防水功能；草苫要求厚实、分布均匀，每平方米重量要求达到3.5千克左右。

3.**调节适宜的温湿度**　使白天温室内的温度保持在23～28℃，夜间保持在15～18℃。室内相对湿度根据不同作物来调整，番茄、茄子在45%～50%；甜辣椒、黄瓜在60%～80%。放风时应在中午前后，根据温度变化确定放风时机，若外界温度低于5℃，放风时间不超过30分钟，阴天也要适当放风换气。

4.**科学浇水**　缓苗后至幼果膨大期前以促根控秧为主要目标，尽量不浇水。果实采收初期至结果盛期需水量较大，一般5～7天灌1次水。具体浇水时间根据天气、作物长势和土壤而定，黄瓜、辣椒要勤一些，番茄、茄子间隔要长一些，浇水时间宜在上午进行。

5.**植株调整和果实管理**　定植后15～20天及时吊蔓，每畦2行分别向上吊，采用银灰色吊绳吊蔓有驱避蚜虫作用；及时绕秧、落秧、打杈，去除下部老叶和黄叶。水果型黄瓜从第六片叶开始留瓜，要及早去除1～5叶的幼瓜花蕾；番茄、茄子在每穗花开放3～4朵时采取振荡授粉器或释放熊蜂辅助授粉，及早去除多余的幼果和畸形果。黄瓜能自行坐果，禁止使用生长调节剂处理花朵。

熊蜂授粉

6.平衡施肥 番茄第一穗果长至直径2～3厘米（核桃大小）时要及时追肥，每667米²随滴灌浇水施用氮磷钾含量比例为16：8：34的圣诞树速溶肥5～8千克，也可随水追施氮磷钾含量比例为15：5：25液体的冲施肥8～10千克；防止氮肥过多钾肥不足，肥料的平衡施用对提高蔬菜品质和产量，防止筋腐病起到关键的作用。以后在每穗果膨大时追1次肥。茄子、甜辣椒、黄瓜等作物在果实膨大初期开始追肥。

7.病虫害防治 虽然早晚气温较低，中午前后气温仍较高，适宜多种病虫害流行危害。秋茬设施蔬菜要注意防治番茄叶霉病、灰叶斑病、青枯病、黄瓜白粉病、霜霉病、枯萎病，辣椒疫病、炭疽病、白粉病，茄子黄萎病等病害和烟粉虱、红蜘蛛、蓟马、蚜虫等虫害。对于虫害优先采用安装防虫网阻隔害虫进入棚内，和悬挂粘虫黄板等物理方法来预防；发生时优先选用生物农药或低毒高效农药来防治。

番茄晚疫病和黄瓜霜霉病要避免低温高湿的生长环境，在发生初期喷洒生物农药氨基寡糖素或蛇床子素来防治，也可在发病初期每667米²用45%达克宁（百菌清）烟剂250克熏烟防治，分放5～6处，傍晚暗火点燃密闭棚室熏一夜，次日清晨再通风，一般7天熏1次，连熏3次。防治茄果类作物炭疽病，发病前或发病初期每667米²选用10%苯醚甲环唑（世高）水分散粒剂50～83毫克、80%代森锰锌（大生）可湿性粉剂150～210克或250克/升嘧菌酯（阿米西达）悬浮剂32～48毫升叶面喷雾防治。防治茄果类作物青枯病，可在发病初期每667米²使用5亿孢子/克多粘类芽孢杆菌细粒剂2 000～3 000毫升灌根，注意加足水量，施药应选在傍晚或早晨，不宜在太阳暴晒下或雨前进行；也可使用3%中生菌素可湿性粉剂600～800倍液或1亿孢子/毫升枯草芽孢杆菌水剂300～500倍液在苗期或发病初期灌根。

烟剂熏蒸

番茄晚疫病

越冬根茬菜管理

越冬菠菜、小葱、洋葱正值幼苗生长期，首先应做好浇水管理，但不宜大水漫灌和浇水过勤；幼苗3～4片叶时随水追肥1次，每667米²追施含氮磷钾40%左右的三元冲施肥6～8千克；及早间去拥挤生长地段的幼苗，浇水后及时中耕松土，促使幼苗生长健壮，增强抗寒越冬能力。

大葱采收

霜降时节，即使耐寒的作物大葱，也不能再长了。农谚说，"八月葱，九月空"，"霜降不起葱，越长越要空"。大葱一时销售不了，应放到避光、温度较低的地方贮存。

田园清洁和耕地

露地喜温性蔬菜如番茄、黄瓜、辣椒、茄子、土豆（马铃薯）等作物果实采收后，及早进行拉秧清洁田园工作。也就是说，要把地里的植株、根茬收回来，集中到指定地方进行高温堆肥或臭氧消毒等无害化处理，因为里面潜藏着许多越冬虫卵和病菌。在上冻前耕翻土地，在市区上风口的地块，采取种植越冬根茬菜或种植油菜的方法，防止土地裸露产生粉尘，避免对城市空气造成污染。

115

立冬篇

　　立冬是二十四节气中的第十九个节气，在每年的11月7日或8日，太阳位于黄经225°时。立，建始也，表示冬季自此开始；冬是终了的意思，有农作物收割后要收藏起来的含意。

　　进入立冬节气以后气温骤降，日渐寒冷，每天日照时间逐渐缩短。大棚种植的喜温蔬菜作物已经拉秧，耐寒的叶类和根茎类蔬菜还在生长，要抓住时机做好收获前的管理；日光温室种植的秋冬茬蔬菜正值生长旺盛时期，尤其冷空气来得早的年份，气温下降明显，要加强田间管理并做好防寒防冻工作。

大白菜等蔬菜收储

俗话说，"立冬不砍菜，必定要受害"。大白菜要在上冻前及时砍收，将根部朝南方向晾晒2～3天后整修出售；有条件的地块可以挖窖贮存，冬季陆续出售能增加产值。晾晒后为防冻害堆成圆堆临时存放，码堆时应根部向里叶部朝外。待外界气温低于0℃时，再入窖存放。萝卜和胡萝卜应在霜冻到来前收获，要拧去萝卜缨，用其盖住萝卜以保证不受冻和受热，提前挖好贮存窖，在11月15日至20日入窖贮存；同时露地种植的芹菜、油菜、甘蓝、乌塌菜、香菜及其他叶类蔬菜，立冬前后也要及时收获，防止受冻。如甘蓝、芹菜、香菜等不能全部销售时，可以采取室外露地挖沟埋藏的方法来贮存，待12月至翌年1月取出陆续回暖后再上市，不仅能均衡上市，还能提高销售价格。

秋大棚蔬菜拉秧和采收

秋季大棚种植的番茄、黄瓜、辣椒、茄子等喜温性作物要及时拉秧，对未成熟的番茄果实可以贮存到温室后熟；对于耐寒性好的甘蓝、菠菜、生菜、莴笋、油菜等作物要做好保温防寒措施，关严风口和门口，夜间在棚室四周覆盖1米高的草帘或旧保温被保温，并在最佳商品期及时采收。

日光温室防寒保温

认真分析温室的保温性能，对门窗、后墙、后屋面等保温薄弱部位，及早采取保温防寒措施。

1. 做好墙体和后屋面保温 尽快将后窗和东西两侧墙面的排风扇孔及通风孔用稻草等作物秸秆或其他保温材料封严。为保证防寒效果，应填充和墙体同样厚度的秸秆。后屋面的保温性能对温室内温度影响非常大，保温不好会使温室内温度降低过快，对于这类温室应在后屋面的内侧加层10厘米厚的聚苯板或在外面加盖2～3层旧草苫或保温被。

2. 设置防寒沟 在温室南侧外边挖30

温室后墙覆盖保温

棚脚设防寒板

温室南侧底脚铺盖草帘

保温被

厘米宽、40～50厘米深的防寒沟，沟内填入秸秆或树叶。

3. 门口安装门帘和风挡 门口是冷气易进入室内的通道，应在工作间门口和温室门口安装两道保温性好的门帘，以两幅双开的门帘阻隔冷空气进入的效果好。在温室入口处走道南侧设置1.5米高、4～5米长的挡风农膜阻挡冷空气，以免影响作物生长。应减少管理操作时进出棚室带进的冷空气量。

4. 做好温室南侧下部的保温 温室南侧下部是外界冷空气容易进来的部位，在温室内南侧下部贴地面处安装一道1米高的农膜；夜间在棚外南侧贴地面覆盖一道1米高的旧草帘或保温被，能起到一定的保温防寒作用。

5. 选择适宜的农膜和保温材料 农膜选用厚度在0.1毫米以上、具有流滴消雾功能的EVA膜，有条件的棚室可以选用PO、POP或PEP功能膜。种植喜温性作物扣膜时，要留上下两道风口，即三幅棚膜的覆盖方式，有利于作物生长。种植茄子的棚室和从事有机食品生产的棚室都不应选用聚氯乙烯（PVC）棚膜。保温被厚度要2.0厘米以上，并有防水功能；草苫要求厚实、分布均匀，每平方米重量达到3.5千克。保温材料达不到以上标准的棚室要在11月下旬覆盖双层材料来保证保温效果。

6. 应用反光膜增加光照 在温室后屋面或走道南侧悬挂1.5米宽的反光膜，以增加室内光照，促进作物生长。若将反光膜悬挂在后墙，虽然有增加光照作用，但影响后墙蓄热功能，也会降低夜间的室内温度。

7. 在极端寒冷天气采取应急措施 在冬季遇极端寒冷天气，采用安装浴霸或空气加热线、棚内多层覆盖（棚内夜间设置二层农膜或无纺布）、电热暖风炉等临时应急措施来提高地温和室温，确保作物不受冻害。应提前购置设备，并及早安装好，以备急需。

8.**推广秸秆反应堆提高地温** 在定植前，在栽培畦的下面挖宽60～70厘米、深25～30厘米的沟，内填玉米等作物秸秆，每667米^{2}用量2 500～3 000千克，并在秸秆上撒专用微生物菌剂每667米^{2}用量8千克，以加速秸秆的腐熟，秸秆上面覆盖20～30厘米厚的耕层土，浇透水，10天后定植蔬菜作物。秸秆在微生物作用下逐渐分解，可提高耕层土壤温度2℃以上；还可以增加室内二氧化碳浓度；改善土壤的物理性质，增加透气性和持水能力。

棚前设裙膜

 # 日光温室喜温蔬菜管理

日光温室生长的秋冬茬番茄、黄瓜、茄子、甜辣椒等喜温性作物正值果实膨大期，越冬茬正值缓苗期，要加强管理，促进植株生长健壮，多坐商品率高的果实。

1.**调节适宜的温湿度** 使白天温室内的温度保持在23～28℃，夜间保持在15～18℃。室内相对湿度根据不同作物来调整，番茄、茄子在45%～50%，甜辣椒、黄瓜在60%～80%。放风时应在中午前后，根据温度变化确定放风时机，若外界温度低于5℃，放风时间不超过30分钟，阴天也要适当放风换气。

2.**中耕松土和蹲苗** 缓苗后要控制浇水，蹲苗10～15天，并在墒情适宜时中耕1～2次，促进根系生长，为高产打下基础，同时将杂草及时除掉。

3.**科学浇水** 缓苗后至幼果膨大期以前应以促根控秧为主要目标，尽量不浇水或少浇水。果实采收初期至结果盛期需水量较大，一般5～7天灌1次水。具体浇水时间根据天气、作物长势和土壤而定，黄瓜、辣椒要勤一些，番茄、茄子间隔要长一些，浇水时间宜在上午进行。

4.**平衡施肥** 番茄第一穗果长至直径2～3厘米（核桃大小）时要及时追肥，每667米^{2}随滴灌浇水施用氮磷钾含量比例为16：8：34的圣诞树速溶肥5～8千克，也可随水追施氮磷钾含量比例为15：5：25液体的冲施肥8～10千克；防止氮肥过多钾肥不足，肥料的平衡施用对提高品质和产量、防止筋腐病起到关键的作用。以后在每穗果膨大时追1次肥。茄子、甜辣椒、黄瓜等作物在果实膨大初期开始追肥。

5.**植株调整和果实管理** 定植后15～20天及时吊蔓，每畦2行分别向上吊，采用银灰色吊绳有驱避蚜虫作用；及时绕秧、落秧、打杈，去除下部老叶和黄叶。水果型黄瓜从第六片叶开始留瓜，要及早去除 1～5 叶的幼瓜花蕾；番茄、茄子在每穗花开放 3～4 朵时采用振荡授粉器或熊蜂辅助授粉，及早去除多余的幼果和畸形果。黄瓜能自行坐果，禁止使用生长调节剂处理花朵。

6. 防治病虫害　气温逐渐降低，导致设施内湿度增加，应做好田间放风排湿，降低棚内湿度，预防番茄早疫病、灰霉病、晚疫病，黄瓜霜霉病、菌核病，辣椒疫病、菌核病等病害发生。害虫主要防治蚜虫、粉虱、斑潜蝇、蓟马、茶黄螨和根结线虫。对于害虫优先采用安装防虫网阻隔害虫进入棚内，和悬挂粘虫黄板等物理方法来预防。番茄晚疫病和黄瓜霜霉病要避免低温高湿的生长环境。病虫害发生初期优先选用生物农药或低毒高效农药来防治，并严格执行施药后过安全间隔期再采收的规定，确保上市产品的安全。

番茄早疫病

防治番茄早疫病，在发病前或发病初期每 667 米^{2}选用 80% 代森锰锌（大生）可湿性粉剂 130～210 克、10% 苯醚甲环唑（世高）水分散粒剂 85～100 克或 500 克/升异菌脲（扑海因）悬浮剂 50～100 毫升叶面喷雾防治。防治辣椒疫病，在发病初期每 667 米^{2}选用 68% 精甲霜·锰锌（金雷）水分散粒剂 100～120 克、72% 霜脲·锰锌可湿性粉剂 100～167 克或 50% 烯酰吗啉（安克）可湿性粉剂 30～40 克喷雾防治。每 7～10 天用药 1 次，注意不同作用机制杀菌剂轮换使用。

温室耐寒蔬菜播种与管理

生菜、油菜、菠菜、盖菜、樱桃萝卜、茴香、油麦菜等快熟叶类蔬菜和根茎类蔬菜可以分批播种或定植，以陆续供应冬季市场。其中菠菜、茴香、樱桃萝卜采用直接播种的方式，生菜、油菜和盖菜采取育苗移栽的方式。对于已经生长期间的芹菜、萝卜、甘蓝、花椰菜和韭菜等作物要做好调节适宜环境条件，适时进行中耕松土、追肥、浇水、防治病虫害等田间管理工作。设施芹菜注意防治叶斑病、斑枯病，萝卜、甘蓝、花椰菜等十字花科作物注意防治黑斑病、霜霉病、软腐病，生菜重点防治霜霉病。设施蔬菜重点加强蚜虫、粉虱等害虫的防治。

芹菜叶斑病

露地根茬菜管理

露地种植的越冬菠菜、小葱等根茬菜应适时浇冻水和中耕松土。浇冻水选在"夜冻昼消"的时机（即地表夜间冻薄冰，第二天白天能化开）最为适宜。浇冻水5～7天后要及时中耕松土，以弥严因浇水而形成的地表裂缝，确保幼苗安全越冬。

越冬菠菜

小雪篇

　　小雪是二十四节气中的第二十个节气，在每年的11月22日或23日，太阳到达黄经240°时。以后西北风开始成为常客，虽开始降雪，但雪量不大，故称小雪。

　　小雪节气气温下降，逐渐降到0℃以下，光照时数日渐缩短，阴天多、日照弱，大地万物失去生机而转入严冬。菜田农事活动主要在日光温室中进行，是秋冬茬和越冬茬蔬菜管理的关键时期；第二年温室早春茬茄子、辣椒等作物即将育苗，要提前做好育苗的种子和物资准备；同时要做好冬菜贮存工作。

秋菜贮存入窖

　　秋季露地种植供冬天食用的大白菜、萝卜等蔬菜，多采用贮存的方法来延长供应期。秋菜贮存有活窖码垛贮藏和埋藏两种方式。

　　1.大白菜　既可采取活窖码垛贮藏又可采用埋藏贮存方式。采用埋藏方式时，尽量选择晴天连根拔除的方法收获，而不能用刀砍菜的方法，不需晾晒即可放入提前挖好的埋藏沟中，沟宽1.2米，深度宜高于白菜直立高度10厘米左右。根据外界温度变化来增加覆土厚度。

　　活窖贮存要提前挖好贮存窖，也可建造永久贮存窖。在傍晚入窖较好，将菜整修好后一层一层横向码放，一般码10层左右。入窖初期每间隔3～4天倒菜1次，要连倒3次，以后15天倒菜1次。并做好调节温度和通风换气管理，窖内温度以1～2℃为宜，以利贮藏。

　　2.萝卜、胡萝卜　采用挖窖埋藏方法贮存，提前挖好窖，窖以东西方向为宜，宽度1.2～1.5米，深度1～1.5米，长度根据贮存量而定。11月中下旬开始入窖，萝卜头朝下根朝上逐个码放，胡萝卜横着码放，每层萝卜上覆一层5厘米厚的潮土。窖内土壤水分必须要适宜，一般在12%～15%，如过干易发生糠心，过湿则通气性差，容易腐烂。最上层根据外界温度来逐层盖土，最后覆土厚度在30厘米左右，再在上面盖2～3层草帘或秸秆，贮存适宜温度1～3℃，防止受冻。贮藏供应期从11月到翌年3月底。

　　3.菠菜、香菜等叶类蔬菜　采用挖沟埋藏方法贮存。提前3～5天按东西向挖好贮藏沟，深度略高于蔬菜直立时的高度，宽度1.2～1.5米。在外界气温降至0℃时及时埋土贮藏。以后根据气温降低逐渐增加覆土厚度，在表层覆盖一层草帘或旧保温被。出窖后逐步缓慢增加存放温度，经过2～3天再整修出售；若出窖后立即放到温度高的地方，会造成腐烂而影响品质。

日光温室防寒保温

　　要认真检查和分析所种植日光温室的保温性能，对保温薄弱部位及早采取防寒保温措施，重点是要做好前屋面、南侧底脚、后屋面、后墙、墙外防寒沟、门口、后窗和通风口等部位的防寒保温。还可在棚内采用多层覆盖方法来增加温度。在棚内

二层幕保温

距离棚顶40厘米左右处用铁丝做支架，在支架上覆盖一层无纺布或农膜，能有效阻止棚内热量流失。要掌握夜间放下、晴天白天打开的原则。

 ## 科学提高作物抗寒性

　　1.**嫁接育苗**　番茄、黄瓜、茄子、西葫芦等作物采取砧木嫁接育苗的方式，来增强植株抗寒能力，同时能显著提高作物抗逆性和抗病性。黄瓜采用北农亮砧等褐籽南瓜做砧木嫁接，能保持黄瓜风味，提高品质。

　　2.**采取变温管理**　黄瓜、番茄等喜温作物在幼苗定植后采取变温管理方法，一天低温管理、一天高温管理，利用冷热交替的环境变化来提高植株的抗寒性。

 ## 日光温室喜温蔬菜管理

　　1.**调节适宜的温度和湿度**　及时开闭风口调节温度和湿度，晴天尽量提高棚内的温度，严格把握放风时间，番茄、黄瓜等喜温作物最适宜温度以上午23～30℃、下午23～26℃、夜间15～20℃为宜。芹菜、生菜等耐寒作物，最适宜温度为白天18～22℃、夜间10～12℃；室内空气湿度视不同作物来调节，番茄、茄子以45%～60%为宜，黄瓜、甜辣椒以60%～80%为宜。遇连阴天应提前准备干稻壳、麦糠、锯末或其他细碎的秸秆撒一层在作物行间的地面，起到吸收棚内过多水分、降低空气湿度、预防病害发生的作用。

越冬茬黄瓜

2. 植株调整　黄瓜、番茄、西葫芦等采用银灰色吊绳来固定植株，要及时吊蔓和绕蔓，黄瓜需要多次落秧来延长植株结瓜，使用落蔓夹能使棚内植株生长一致。及时打掉侧枝和下部的老叶、病叶，加强通风透光。另外，及时中耕松土，提高地温，增加土壤透气性，促进根系生长。

3. 果实管理　番茄、茄子要采取辅助授粉措施来促进坐果，最好使用熊蜂授粉或振荡授粉器进行辅助授粉，但应当保证棚内温度达到15℃以上，否则应采用其他方式来促进坐果。选用对产品安全的丰产剂二号或果霉宁等植物生长调节剂进行喷花或蘸花处理。在坐果后及早疏去多余的果实和畸形果。另外在果实成熟后应及时采收，以免坠秧。

番茄防折钩

4. 科学浇水　应在晴天上午进行，在阴天、雪天时不要浇水。采用滴灌、微喷或膜下暗灌的浇水方式，有利于提高地温和节水。在温室内设蓄水池（或蓄水缸），来提高灌溉水的温度；浇水时每次水量不要过大。以"小水勤浇"和"见干见湿"的原则进行水分管理，尽量减少棚内空气湿度。根据天气、植株长势、浇水方式和土壤来确定浇水时间和浇水量。一般番茄、茄子采用滴灌方式4～6天浇水1次，每667米^{2}灌水量3～5米^3；采用膜下暗灌方式每10～12天浇水1次，每667米^{2}灌水量10～12米^3。黄瓜、甜辣椒采用滴灌方式每2～5天浇水1次，每667米^{2}灌水量3～6米^3；膜下暗灌方式每7～10天浇水1次，每667米^{2}灌水量10～15米^3。

5. 合理施肥　根据作物的需肥特点和植株长势进行追肥，做到氮磷钾和微量元素平衡施肥，特别注重钾肥的施用，宜选择易吸收的液体肥料最好。每10～15天追肥1次，滴灌浇水方式每667米^{2}追施圣诞树等水溶性肥料5～8千克，膜下暗灌浇水方式每次追施氮磷钾含量40%以上的冲施肥7～10千克。

6. 叶面喷肥　每间隔10天左右进行1次叶面喷肥，可以喷施0.3%磷酸二氢钾和硼、锌、铜等微量元素的肥料为主，也可喷施雷力2000海藻酸等功能性肥料，特别注意要多喷在叶背面。

 温室耐寒蔬菜播种与管理

保温性能较差的日光温室在严冬季节不适宜种植番茄、黄瓜等喜温类蔬

日光温室芹菜

菜作物，应在上茬拉秧后及时种植芹菜、生菜、油菜、菠菜、盖菜、樱桃萝卜、茴香、油麦菜等耐寒较强的快熟叶类蔬菜和根茎类蔬菜。采取分批播种或定植，以陆续采收供应冬春季市场。其中菠菜、茴香、樱桃萝卜等作物采用直接播种的方式，而生菜、油菜和盖菜等作物采取育苗移栽的方式。对于已经处在生长期的芹菜、萝卜、甘蓝、花椰菜等作物，要做好调节适宜环境条件、中耕松土、追肥、浇水、防治病虫害等管理工作。

病虫害防治

温度低、湿度大有利于灰霉病、菌核病和番茄晚疫病、黄瓜霜霉病等病害的发生，要加强通风换气，调节适宜的温度和光照环境条件；另外，粉虱、蚜虫、红蜘蛛、斑潜蝇等虫害虽然随着气温降低发生程度下降，仍应采取悬挂黄板、安装防虫网阻隔害虫进入的措施控制病虫害的发生。在以上措施不能控制发生时，再采用低毒低残留的农药防治，优先选用常温施药、粉尘施药和熏蒸防治的方法。并严格执行用药后安全间隔期采收的规定，以确保产品的安全。

草莓白粉病

草莓根腐病

设施草莓进入开花坐果期，要重点预防根腐病、白粉病等病害。防治草莓白粉病，在发病前或发病初期每667米^{2}选用100亿孢子/克枯草芽孢杆菌可湿性粉剂60～90克、300克/升醚菌·啶酰菌（翠泽）悬浮剂25～50毫升或

50%醚菌酯（翠贝）水分散粒剂3 000～5 000倍液喷雾防治。发现根腐病危害，应及时拔除病株，使用微生物菌剂灌根改善根际土壤微生物环境，科学合理施肥，增强植株抗病力，降低发病造成的影响。

生菜、菠菜、油麦菜等叶类蔬菜重点防治灰霉病、霜霉病、根结线虫病。防治叶菜霜霉病，可每667米²选用722克/升霜霉威盐酸盐（普力克）水剂90～120毫升或80%烯酰吗啉水分散粒剂18.75～21.875克喷雾防治。

 ## 第二年育苗准备

第二年温室早春茬种植的茄子、辣椒等作物在12月上旬开始育苗。应提早做好购买种子和苗盘、基质、电热线等育苗物资准备工作；提前做好苗床和苗盘的消毒，晒种1～2天，做好种子温汤浸种和催芽，为培育壮苗做好充分准备。

 ## 露地根茬菜管理

露地菠菜、小葱等越冬根茬菜在适时浇冻水后应中耕松土1～2次，弥严因浇水而形成的地表裂缝，确保幼苗安全越冬。浇冻水应选在夜冻昼消的时机（即夜间冻薄冰，白天化开）。

露地越冬茬菠菜

大雪篇

　　大雪是二十四节气中的第二十一个节气，在每年的12月6日至8日之间，太阳到达黄经255°时。这时我国北方大部分地区受冷空气影响，最低温度都降到了0℃以下，在强冷空气前沿冷暖空气交锋的地区，容易降大雪。

　　大雪节气天气寒冷，日照时间短，雾霾天多，不利于蔬菜作物的生长和开花结果，生长采收期延迟。此时的蔬菜生产活动主要集中在日光温室和育苗棚中，是越冬茬蔬菜管理的关键时期，也是第二年早春茬蔬菜育苗播种的适宜时期。

培育第二年早春茬幼苗

1. 喜温茄果类蔬菜 早春茬番茄、茄子、辣椒等适宜播种期为12月上中旬。选用采光、保温性能好的温室育苗，采用50穴或72穴的塑料穴盘育苗，以草炭、蛭石为基质。若地温低于15℃，应安装地热加温线和温控仪来增加地温。选用早熟、品质好、抗病性强的优良品种，番茄宜选用硬粉8号、中研988等品种；茄子宜选用京茄1号、京茄6号和海丰长茄2号等品种；甜辣椒宜选用京甜3号、农大24等品种。做好种子温汤浸种和药剂浸种，选择晴天播种，每穴点播1粒萌动的种子，在每盘边缘5～6穴多播1粒种子，以便于补苗用。育苗期间及时浇水追肥，增加光照。一般苗龄50～60天，于2月上中旬定植到日光温室内。

2. 甘蓝和叶类蔬菜 甘蓝、花椰菜、青花菜、莴笋、芹菜、生菜等蔬菜于12月中旬在温室内或小拱棚内育苗。甘蓝选用早熟、品质好的中甘15、春甘3号等品种，采用128穴或72穴穴盘育苗，以草炭、蛭石为基质。育苗期间及时浇水追肥，增加光照。一般苗龄50～70天，于2月初至3月定植到日光温室或小拱棚、大棚等设施内，供应春季市场。

规模化育苗

 ## 日光温室保温防寒

做好冬季日光温室的保温防寒工作尤为关键，首先认真检查温室的前屋面、南侧底脚、后坡、后墙、门口、后窗、防寒沟和排风扇口等部位的保温情况，并及时测定温室内6时、10时、14时、夜间等不同时间段的气温和10厘米地温数值。番茄等喜温性作物适宜生长温度为白天23～30℃，夜间15～18℃，地温20～22℃；芹菜等耐寒性作物适宜生长温度为白天20～23℃，夜间10～12℃，地温15℃左右。对于温度达不到作物生长要求的温

草帘覆盖保温

室，要认真分析原因，对保温薄弱部位及早采取防寒保温措施，可采用棚内多层覆盖方法、棚外覆盖双层草苫或保温被等措施来增加温度。若遇到短时极端寒冷天气，应采取加温燃烧块、电热加温炉、浴霸灯泡和覆盖二层草苫等临时加温措施来避免冻害发生。

日光温室日常管理

1. 调节适宜的生长环境条件 这一阶段调节温室内适宜的温度、湿度和光照是最重要的工作，关系到植株能否生长健壮，果实能否坐住和迅速膨大，以及是否容易侵染病害。所以要调节好室内环境，让作物大多数时间在适宜的环境下生长和发育。首先要根据天气和室内温度情况适时揭苫、盖苫，但必须坚持多见光、适时放风，尤其是浇水以后和阴天时一定要短时间放风换气排湿。番茄、黄瓜、茄子、辣椒等喜温性作物可在室温达到30℃时放风，下降到25℃时合上风口，傍晚在室温20℃时盖苫。其次是经常擦拭棚膜增加透光率。第三是根据不同作物调节不同的空气湿度，辣椒、黄瓜和芹菜等叶类蔬菜适宜空气湿度在60%～85%，番茄、茄子在45%～55%。遇连阴天应将提前准备好的干锯末、干稻壳、干树叶及其他干秸秆撒入行间地表，能有效吸取棚内水分，避免室内湿度过大而诱发病害。

樱桃番茄转色期

2. 加强植株调整和果实管理 及时打掉植株滋生的侧枝和下部的老叶、黄叶、病叶，加强通风。对于越冬长季节栽培的番茄、黄瓜应采取落蔓或连续换头的方式来延长植株的结果期。番茄和茄子应选用产品安全的丰产剂二号或果霉宁等生长调节剂进行喷花处理，根据室内温度来调节不同的浓度；番茄在每穗花开放3～4朵花时再喷花处理。番茄在使用熊蜂授粉或振荡授粉器进行辅助授粉时，应当保证棚内温度达到18℃以上，否则应采用其他方式来促进坐果。要及早疏去多余的果实和畸形果。

3. 科学浇水 根据天气、植株长势、浇水方式和土壤来确定浇水时间和浇水量。浇水应在晴天上午进行，在阴天、雪天时不要浇水。采用滴灌、微喷或膜下暗灌的浇水方式，有利于提高地温和节水。可在温室内设蓄水池（或蓄水缸），来提高灌溉水的温度；浇水时每次水量不要过大。以"小水勤浇"和"见干见湿"的原则进行水分管理,尽量减少棚内空气湿度。

4.合理施肥 根据作物的需肥特点和植株长势进行追肥,做到氮磷钾和微量元素平衡施肥。特别要注重钾肥的施用,因其有增强植株抗寒能力的作用。宜选择易吸收的液体肥料,一般每10~15天追肥1次,滴灌浇水方式每次追施圣诞树等水溶性肥料5~8千克,膜下暗灌浇水方式,每次追施氮磷钾含量40%以上的冲施肥7~10千克。每间隔10天左右进行1次叶面喷肥,可以喷施0.3%磷酸二氢钾。

5.适时采收 番茄、黄瓜等瓜果类作物在果实最佳成熟期及时采收,防止坠秧而影响植株继续结果。尽量选在晴天的上午采收,采摘和贮运时要轻拿轻放。芹菜和散叶生菜可以采取陆续剥取外叶的采收方式,使心叶继续生长,来延长生长期从而增加产量。菠菜、油菜等叶菜类和萝卜等根菜类蔬菜,要提高整修质量,扎捆整齐,提高商品价值。

番茄采收期

6.病虫害防治 此期低温和阴霾天气交替发生,番茄、黄瓜、茄子、甜辣椒等秋冬茬喜温性作物要重点防控灰霉病、晚疫病、霜霉病等低温高湿型病害。设施蔬菜管理要在保温的同时合理放风排湿,遇连阴天应将提前准备好的干锯末、干稻壳、干树叶及其他干秸秆撒入行间地表,能有效吸取棚内水分,避免室内湿度过大而诱发病害。在以上措施不能有效控制病害发生时,优先选用熏蒸施药或常温烟雾施药防治的方法,不增加棚室内湿度。

防治茄果类蔬菜灰霉病,应重点在开花期和果实膨大期进行局部二期联防,针对花和果实喷雾防治。每667米² 可选药剂有3亿孢子/克哈茨木霉菌可湿性粉剂100～166.7克、0.5%小檗碱水剂150～187.6克或50%啶酰菌胺（凯泽）水分散粒剂30～50克。也可在发病前或发病初期每667米²使用10%腐霉利烟剂200～300克点燃熏蒸，点燃点应距离作物20厘米以上，以免产生药害。点燃后人员迅速撤离棚室并密闭棚室4小时以上。注意不同作用机制杀菌剂要轮换使用，严格执行农药安全间隔期的规定。

防治番茄晚疫病，发病初期每667米²选用100万孢子/克寡雄腐霉菌（多利维生）可湿性粉剂6.67～20克、3%多抗霉素可湿性粉剂356～600克、72%霜脲·锰锌（克露）可湿性粉剂130～180克或250克/升嘧菌酯（阿米西达）悬浮剂60～90毫升喷雾。每7天施药防治1次，连续防治2～3次。

辣椒灰霉病　　　　　　　　　　　　　　番茄晚疫病

 ## 日光温室雪天管理

降雪天及时清除棚上积雪，避免雪融化在草苫或保温被上降低其保温效果。停止降雪后和阴天时，在保证温室内气温12℃以上前提下，可于中午前后揭开草苫，使作物接受散射光。遇久阴骤晴的天气，应将草苫隔一块打一块，或保温被卷起一半，以防阳光过强造成植株萎蔫。在雪天和阴天不能进行追肥、浇水、整枝、疏果等农事操作。对一些跨度大、骨架牢固性差的温室要及时对温室棚架进行支撑加固，防止下雪时棚室坍塌。

 ## 贮存秋菜检查和管理

大白菜、萝卜、大葱、菠菜等贮存的蔬菜要经常检查温度，防止温度过高腐烂或过低受冻。要随着外界温度降低逐渐加厚覆盖物或覆土保温。活窖贮存的大白菜要10～15天倒1次，及时去掉烂帮、黄叶。适时关闭或打开通风孔，加强通风换气，以确保秋菜的安全贮存。

冬至篇

冬至又称冬节、贺冬，是二十四节气中的第二十二个节气，在每年的12月21日至23日之间。太阳到达黄经270°时。

冬至节气是八大天象类节气之一，与夏至相对，意思是寒冷的冬天来临。从大雪至小寒这30天是一年中日照时数最短的时间，夜长昼短，从冬至节气开始进入数九，温度迅速降低，真正到了冰天雪地的季节。天气寒冷、雾霾天多，不利于蔬菜作物的生长和开花结果。菜田生产农事活动主要在日光温室中进行，主要有温室的保温防寒、越冬茬蔬菜的管理和采收、第二年早春茬作物的育苗、贮存菜的检查与管理、病虫害防治等几个方面。

日光温室保温防寒

要认真对温室的保温状况进行检查，重点对后窗、后屋面、门口前屋面、南侧底脚和防寒沟、排风扇口等部位进行检查。并及时测定温室内凌晨、10时、14时、夜间等不同时间段的气温和10厘米地温数值。对于温度达不到作物生长要求的温室，认真分析原因，对保温薄弱部位及早采取防寒保温措施。后窗不能只封严墙体表面，应用树叶或秸秆将墙体填满，才能起到保温效果；后屋面是散热的主要部位，凡是厚度低于20厘米的，保温效果肯定差，可以用旧草苫、保温被以及秸秆覆盖10厘米左右的厚度，上面再盖一层防雨材料；门口里外都要挂保温帘，进门处用1.5米宽的农膜贴地面设置挡风帘。前屋面内侧安装1米高农膜，外面晚间覆盖1米高的草帘或保温被起

加厚草帘覆盖

到保温效果。防寒沟用树叶或秸秆填满，起到阻隔冷空气通过地表土层传导入室内土壤的作用。还可采用棚内多层覆盖、棚外覆盖双层草苫或保温被等措施来增加温度。

培育第二年早春茬幼苗

1. 日光温室早春茬育苗 日光温室早春茬口的番茄、茄子、辣椒等喜温作物12月中下旬开始播种育苗，利用采光、保温性能好的日光温室育苗，番茄选用品质较好、抗病早熟的金棚11号、中研988等品种；茄子宜选用早熟、品质好的京茄1号、硕源黑宝、京研黑宝等品种；甜辣椒宜选用耐低温、坐果能力强的京甜3号、农大24等品种，采用50穴或72穴塑料穴盘或6厘米×6厘米规格的营养钵育苗，以草炭、蛭石为基质。若地温低于15℃，应安装地热加温线和温控仪来增加地温。大力推广嫁接育苗的方式，增强植株的抗寒性和抗病性，番茄嫁接砧木选用果砧1号，茄子嫁接砧木选用茄砧1号。一般番茄苗

龄50～60天，茄子、甜辣椒苗龄60～70天，定植期在翌年2月。

2. **黄瓜、冬瓜、南瓜等瓜类蔬菜育苗**　12月下旬利用采光、保温性能好的日光温室育苗，安装补光灯人工补光促进幼苗生长健壮。采用32穴或50穴的穴盘或营养钵育苗，以草炭、蛭石为基质。若地温低于15℃，应安装地热加温线和温控仪来增加地温。黄瓜选用早熟、品质好、抗病性强的中农26等优良品种。做好种子温汤浸种和药剂浸种，选择晴天播种，每穴点播1粒萌动的种子，在穴盘的每盘边缘5～6穴播2粒种子，以便于补苗用。大力推广嫁接育苗的方式，增强植株的抗寒性和抗病能力，砧木可选择京欣砧5号。一般苗龄40～45天，于翌年2月上中旬定植到日光温室内。

黄瓜嫁接苗

3. **甘蓝、菜花、莴笋、芹菜、生菜等叶类蔬菜育苗**　12月下旬在温室内或小拱棚内育苗。采用128穴或72穴穴盘育苗，以草炭、蛭石为基质。育苗期间及时浇水追肥，增加光照。一般苗龄50～70天，于翌年2～3月定植到日光温室或小拱棚、大棚等设施内，春季供应市场。

4. **已出苗的苗床管理**　出苗以后应尽量保证幼苗较强的光照，调节适宜的温度，将番茄、黄瓜

日光温室育苗

等喜温的作物与生菜、芹菜等耐寒的作物分开码放在不同的温度区域。每隔1周左右调换1次苗盘的位置，以使幼苗生长均匀；在幼苗2叶1心以后及时浇水追肥。

温室生菜育苗

 ## 越冬茬蔬菜日常管理和采收

日光温室的番茄、黄瓜、茄子、辣椒等喜温性瓜果类作物正值结果采收期，是管理的关键时期，应做好保温防寒工作。

1. 调节适宜的光照、温度和湿度 使作物大多数时间处于适宜的环境下生长，避免形成湿、冷结合的生长环境。尤其注意地温的变化，番茄等喜温性作物10厘米地温适宜在20℃左右，凌晨最低地温应保持在13℃以上；芹菜等耐寒性作物适宜在13℃左右，最低不低于10℃。

2. 做好植株和果实管理 进行整枝打杈，去除植株下部的老叶、黄叶和病叶。对于不能越冬生长的番茄作物及早掐尖打顶，促进果实生长。要做好辅助授粉和疏

越冬茬黄瓜采收期

去过多果实以及畸形的果实，使植株尽量多结果、结好果。将成熟的果实及时采收。

3. 科学浇水追肥 采取滴灌或膜下暗灌的浇水方式，有利于节水和减少室内空气湿度。特别要注意在阴天、雪天不要浇水，温室内设蓄水池（或蓄水缸），来提高灌溉水的温度。浇水时每次水量不要过大，以"小水勤浇"为宜。根据作物的需肥特点和植株长势进行追肥，做到氮磷钾和微量元素平衡

施肥，特别注重钾肥的施用，有增强植株抗寒能力的作用。宜选择易吸收的液体肥料效果好，一般每10～15天追肥1次，滴灌浇水方式每次追施圣诞树等水溶性肥料5～8千克。

4.病虫害防治 严冬季节阴天和雾霾天多，温室内温度低、空气湿度大，有利于蔬菜多种病害的发生和传播，病害防治工作更不能忽视，要加强对灰霉病、菌核病、黄瓜霜霉病、白粉病和番茄晚疫病等病害的预防与诊治。遇低温和雾霾天气及时采取增温补光等措施，提高温室内温度，降低湿度，尽量创造不利于病害发生流行的小气候环境。

提前准备好干锯末、稻壳等材料，在连阴天和雪天时撒在作物行间，吸取温室内空气中的水分，降低空气湿度，避免或减轻病害发生。在病害发生初期采取烟熏、粉尘喷粉施药方式，减少施药喷水量以提高防治效果，要选用生物农药或低毒、低残留的农药，严格掌握施药后安全间隔期不能采收，确保产品安全。

防治黄瓜霜霉病，可在发病初期每667米^{2}用45%百菌清烟剂111～178克，分放5～6处，傍晚暗火点燃密闭棚室熏一夜，次晨通风，7天熏1次，连熏3次。也可在发病初期每667米^{2}喷洒1%蛇床子素水乳剂50～60克、72%霜脲·锰锌（克露）可湿性粉剂133～166克或50%烯酰吗啉（安克）可湿性粉剂35～40克防治，一般7～10天施药1次，可连续防治3次。合理调温控湿、提高夜温，预防菌核病发生，发病初期及时用药防治，药剂可每667米^{2}选用255克/升异菌脲悬浮剂120～200毫升、50%啶酰菌胺（凯泽）水分散粒剂30～50克或50%腐霉利（速克灵）可湿性粉剂30～60克，最好采用常温烟雾施药减少用水量。

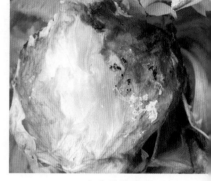

生菜菌核病

温室耐寒快熟蔬菜播种与定植

日光温室种植的油菜、茼蒿、菠菜、生菜、小白菜、樱桃萝卜等快熟蔬菜正是播种与定植的季节。要施用充分腐熟、细碎的有机肥1 500～2 000千克，精细整地，做到地平、畦平、埂直，表层土壤疏松没有明暗坷垃。茼蒿、菠菜、樱桃萝卜、小白菜宜采取直接播种的种植方式，在浇足底墒水后，均匀播种，覆土薄厚一致，播种后盖一层地膜能起到保温保湿的作用，在出苗50%时及时撤去。加强生长期间的管理，种出鲜嫩、安全的产品以供应春季淡季市场。

雪天和极寒天气温室管理

1.降雪天 及时清除棚上积雪，避免雪融化在草苦或保温被上降低其保温效果。降雪后和阴天时，在保证温室内气温12℃以上前提下，可于中午前后揭开草苦，使作物接受散射光。遇久阴骤晴的天气，应将草苦隔一块揭一块，或保温被卷起一半，以防阳光过强造成植株萎蔫。在雪天和阴天不能进行追肥、浇水、整枝、疏果等农事操作。对一些跨度大、骨架牢固性差的温室，要及时对温室棚架进行支撑加固，防止下雪时棚室坍塌。

2.极端寒冷天 若遇到短时极端寒冷天气，应采取加温燃烧块、电热加温炉、浴霸灯泡等临时加温措施，以避免冻害发生。

3.连阴天和雾霾天 俗话说："日光温室没有日光就不叫温室"。连阴天和雾霾天气对日光温室环境有较大影响，易造成温室内光照减弱、温度降低、湿度增加，而弱光、低温、低湿也是造成温室蔬菜病虫害高发的主要原因。因此，在连续阴天或雾霾天气时，补光、加温、除湿等是保障冬季温室蔬菜健康生长的重要措施。

 ## 贮存菜管理

大白菜、大葱、萝卜、胡萝卜等贮存菜要经常检查温度情况，过高或过低时及时调整。活窖贮存的大白菜要经常倒菜，去除黄帮、烂叶。

 ## 越冬根茬菜管理

菠菜、小葱等越冬根茬蔬菜要保温防冻，进行中耕松土，弥缝保墒，保证其安全越冬。

 ## 有机肥料堆制

做好有机肥的堆制工作，将购买的鸡粪、猪粪、羊粪等未经腐熟的有机肥，每立方米掺入5～10千克加速腐熟的生物菌种，每隔15天用机械或人工翻倒1次，使其在使用时达到充分腐熟、细碎的标准。有机肥源不足的菜田要提前购买质量好的商品有机肥。

小寒篇

　　小寒是二十四节气中的第二十三个节气，在每年的1月4日至6日之间，太阳到达黄经285°时。

　　小寒节气正值"三九"前后，标志着开始进入一年中最寒冷的日子。此时北京地区的平均气温在-5℃左右，极端最低气温在-15℃以下，雾霾天多，是一年中光照时数最短、气温最低且天气变化无常的时期。小寒前后正值早春茬温室和大棚（及小拱棚）辣椒、茄子、番茄等茄果类和瓜类等喜温性蔬菜育苗的关键时期，也是温室越冬茬蔬菜管理的关键时期，主要菜田农事活动有以下几项。

早春茬蔬菜育苗和管理

俗话说，"苗壮一半收"。壮苗是优质丰产的基础，培育适龄壮苗非常重要。这一时期温度低、光照弱、日照时间短，所以升温、保温、增加光照是育苗成败的关键。育苗棚应选择在采光条件好、保温效果好的日光温室，并在育苗前铺好地热线，有条件的最好安装补光灯。

1. **瓜类和茄果类蔬菜育苗**　早春茬温室黄瓜、西葫芦和春季大棚种植的番茄、茄子、辣椒等喜温作物开始育苗。黄瓜和番茄、茄子尽量采取嫁接育苗的方式，能增强抗寒、抗病能力和抗逆性，并有抗线虫效果。一般番茄苗龄50～60天，茄子60～70天，黄瓜40～50天。番茄、茄子采用50穴或72穴的穴盘育苗；黄瓜采用32穴或50穴的穴盘育苗，也可采用8厘米×8厘米的营养钵育苗。选用有品牌、质量好的育苗基质，也可自己采用2∶1的草炭营养土和蛭石配制基质，每立方米加入10千克的氮磷钾三元复混肥。做好种子的浸种催芽和药剂处理，选晴天播种，做到播种均匀，覆土厚度一致。

黄瓜出苗

2. **甘蓝等露地耐寒蔬菜育苗**　早春露地地膜覆盖栽培的花椰菜、甘蓝、莴笋、生菜等作物最佳育苗期在1月中旬，采用72穴或128穴的塑料穴盘育苗，选用早熟、品质好的中甘15、中甘21等品种，提前晒种1天，浇足底墒后均匀播种。切记甘蓝类幼苗夜温不要长期低于12℃，以免过早通过春化阶段而提早抽薹。

3.已育幼苗的管理 早春茬温室的番茄、辣椒、茄子等茄果类作物和甘蓝、芹菜、生菜等正处在幼苗生长期，是管理的重要时期。首先要做好保温和使其多见光，在连阴天开启补光灯，每天补光12小时左右；还要注意夜温不能过低，最低也要保证在13℃以上，否则长期的低温将影响花芽分化，形成畸形果，直接影响以后果

温室育苗

实的品质和产量。普通苗床育苗方式在2叶期及时分苗，同时要做好苗期病害防治，此期许多棚室有鼹鼠危害，要用鼠架等手段来控制。

日光温室秋冬茬蔬菜采收和拉秧

秋冬茬番茄、黄瓜、辣椒、西葫芦、茄子等喜温作物已进入生长后期，根据植株长势和温室内温度情况决定是否拉秧。若室内夜间最低温度能在13℃以上，植株生长健壮，就尽量推迟拉秧。若达不到以上条件，应适时拉秧，并抓紧腾茬整地，准备播种或定植耐寒性好的油菜、生菜等快熟蔬菜。

西葫芦陆续成熟

越冬茬喜温蔬菜田间管理

小寒前后正是番茄、黄瓜越冬茬喜温蔬菜管理的关键时期。要注意天气变化，以防强寒流和连阴天天气对作物造成伤害，必要时要采取浴霸、加温燃烧块或电热鼓风炉等临时加温措施。并且要勤擦洗棚膜，增强透光率；及时整枝打杈和落蔓掐尖，辅助授粉、疏去多余的花蕾和多余的果实；科学浇水和追肥。追肥应以随滴灌施用营养全面、配比合理的圣诞树等速溶肥为宜，也可随水施用氮磷钾全面的海藻酸类或腐殖酸类有机液肥。在温室内设置蓄水池或蓄水缸或桶，待水温升高后再浇水，还要注意尽量小水勤浇。冬季温室内蔬菜要避免大水漫灌，以防地温骤降而影响根系生长和吸收水分、养分的能力。

 温室耐寒快熟蔬菜移栽和播种

日光温室种植的油菜、茼蒿、菠菜、生菜、小白菜、樱桃萝卜等快熟蔬菜正是播种与定植的季节。要施用充分腐熟、细碎的有机肥 1 500 ～ 2 000 千克，精细整地，做到地平、畦平、埂直，表层土壤疏松、没有明暗坷垃。茼蒿、菠菜、樱桃萝卜、小白菜宜采取直接播种的种植方式，在浇足底墒水后，均匀播种，覆土薄厚一致，播种后盖一层地膜能起到保温保湿的作用，在出苗 50% 时及时撤去。加强生长期间的管理，种出鲜嫩、安全的产品以供应春季淡季市场。

 雪天和极寒天气管理

在降雪时及时清除前屋面和后屋面积雪。雪停止后和阴天时，在保证温室内气温 12℃以上前提下于中午前后揭开草苫，使作物接受 2 小时的散射光；久阴骤晴的天气应将草苫隔一块打一块或将保温被卷起一半，以防阳光过强造成植株萎蔫。对一些跨度大、骨架牢固性较差的温室要及时对棚架进行支撑加固，防止下雪时棚室坍塌。雪天和阴天不能进行追肥、浇水、整枝、疏果等农事操作。

极端寒冷天气可采取临时加温措施，如安装浴霸、空气加热线、电热鼓风炉、加温燃烧块和燃油热风炉等，避免室内温度过低而影响作物生长甚至造成冻害。

连阴天和雾霾天气应采取补光、除湿、加温等措施，以保障冬季温室蔬菜健康生长。

 病虫害防治

小寒节气多是低温寡照天气，温室内低温高湿生长环境容易感染灰霉病、菌核病、霜霉病、晚疫病和根结线虫等病虫危害，应首先调节适宜的生长环境条件，增温和补光尤为重要，阴天也要在中午短时间放风排湿，并在行间撒一层干锯末或干秸秆，以吸取棚内过多的空气湿度。发病初期选用低毒、低残留的药剂及时防治。应多采用喷施粉尘药剂与烟雾熏蒸的方法来防治病虫害，尽量不用喷雾方法施药，以降低棚内湿度。并且要严格遵守施药后安全采收间隔期的规定，确保产品的安全。

番茄叶霉病

黄瓜冻害

大风和低温天气较多，温室蔬菜管理应注意关注天气变化，提前做好防风保温措施，如通过铺设地膜、增施有机肥、地面覆盖秸秆稻草等措施提高地温，预防冻害。同时要合理放风排湿，防止棚内湿度过大，棚膜和叶片表面凝聚冷凝水，造成灰霉病、晚疫病、霜霉病、菌核病等低温型病害。育苗温室要在播种前进行土壤消毒处理和棚室表面消毒，育苗盘也要清洗消毒，为培育无病虫壮苗做好源头控制。

预防蔬菜冻害还应加强苗期管理，适时对幼苗进行低温锻炼，增强幼苗抗寒能力。设施内采取增设小拱棚、双层膜等保温措施；必要时喷施植物生长调节剂增强作物抗逆性，如0.01%芸薹素内酯可溶液剂2 500～5 000倍液等生长调节剂。防治韭菜灰霉病，棚内相对湿度应该控制在80%以下，湿度过大时，早晨可以短时放风，中午前后室外气温较高时，打开较大的通风口排湿，避免因为湿度过大导致病害发生。冬季应减少收割次数，增强作物抗病性。发病初期每667米^{2}可选用15%腐霉利烟剂133～333克密闭熏蒸，病情严重时间隔7～10天再施药1次，注意该药剂安全间隔期为30天，避免在施药期间采收。

韭菜灰霉病

贮存菜管理

对于大白菜、萝卜、胡萝卜、芹菜等贮存蔬菜要经常检查温度是否适宜，保温措施是否得当，如温度过低或过高，及时增减覆盖的土层厚度或保温材料；活窖贮存的大白菜要定时倒菜，及时去除黄叶和烂叶。

有机肥料堆制

做好有机肥的堆制工作，将已准备的鸡粪、猪粪、羊粪等未经腐熟的有机肥，每立方米掺入5～10千克加速腐熟的生物菌种，每隔15天翻倒1次，在施用时达到充分腐熟、细碎的标准。有机肥源不足的，需提前购买质量好的商品有机肥。为提高蔬菜产品的品质，每667米^{2}施用腐熟加生物菌的羊粪有机肥3 000千克效果好。

大寒是二十四节气中的最后一个节气，在每年的1月19日至21日之间，太阳到达黄经300°时。

大寒节气前后是全国大部分地区一年中最寒冷的时期，天寒地冻，大雪纷飞，大风天气多，温度低，光照时间短，雾霾天气较多，不利于蔬菜作物的生长和发育。此期的菜田农事活动主要是日光温室内蔬菜的管理和采收，第二年早春茬设施和露地蔬菜的育苗，贮存菜的检查和出售。

播种和幼苗管理

大寒节气正值春大棚种植的番茄、茄子、辣椒、黄瓜、冬瓜、南瓜等蔬菜播种期，春季温室栽培的番茄、辣椒、茄子等茄果类作物和早春露地地膜覆盖栽培的花椰菜、甘蓝、莴笋、生菜等耐寒作物都已育苗，做好温度管理是育苗成败的关键。幼苗生长健壮的标准是根系发达，茎秆粗壮，子叶完整，无病虫害。

1. **春大棚喜温类作物育苗**　春大棚种植的番茄、茄子、辣椒等喜温作物1月中下旬播种，春大棚种植的黄瓜、冬瓜、南瓜等瓜类蔬菜1月下旬至2月上旬播种，利用采光、保温性能好的日光温室育苗。番茄选用品质较好、抗病的金棚11号、中研988等品种，采用50穴或72穴塑料穴盘或6厘米×6厘米规格的营养钵育苗，瓜类采用32穴或50穴的穴盘或8厘米×8厘米规格的营养钵育苗，以草炭、蛭石为基质。若地温低于15℃，应安装地热加温线和温控仪来增加地温。春大棚黄瓜宜选用早熟、品质好、抗病性强的中农12、中农16等优良品种。做好种子温汤浸种和药剂浸种，选择在晴天播种，每穴点播1粒萌动的种子，在穴盘的每盘边缘5～6穴播2粒种子，以便补苗用。大力推广嫁接育苗的方式，增强植株的抗寒性和抗病能力。一般黄瓜苗龄40～50天，番茄苗龄50～60天，在3月下旬定植。

茄子嫁接苗

2.**露地耐寒蔬菜育苗** 早春露地地膜覆盖栽培的花椰菜、甘蓝、莴笋等作物最佳播种期在1月中旬,生菜等播种期在1月下旬,3月下旬至4月初定植。甘蓝宜采用72穴或128穴的塑料穴盘育苗,选用早熟、品质好的中甘15、中甘21等品种,提前晒种1天,浇足底墒后均匀播种。切记甘蓝幼苗夜温不要长期低于13℃,以免过早通过春化阶段而提早抽薹。

3.**已出苗的管理** 早春茬日光温室栽培的番茄、辣椒、茄子等喜温类作物和其他蔬菜已在12月育苗,此时正值幼苗生长期,普通苗床育苗方式已逐渐进入分苗期。管理上要做好保温防寒,调节适宜的温度和光照,尤其注意夜温不能过低,番茄、甘蓝最低温度保证在13℃以上,否则长期的低温将影响花芽分化,出现畸形果实,直接影响以后果实的品质和产量。出苗以后应尽量保证幼苗较强的光照,调节适宜的温度,将番茄、黄瓜等喜温作物与生菜、芹菜等耐寒作物分开码放在不同的温度区域。每隔1周左右调换苗盘的位置,以使幼苗生长均匀;并使其多见光,同时做好追肥、浇水以及分苗工作。在幼苗2叶1心以后及时浇水追肥。同时要做好苗期病害防治工作。

日光温室越冬茬蔬菜日常管理

大寒节气正是越冬生长的黄瓜、番茄、辣椒、茄子等喜温性蔬菜和芹菜、生菜、萝卜等耐寒性蔬菜管理的关键时期,天气寒冷,日照时间短,棚内温度低、湿度大,不利于作物的生长和开花坐果,并且坐果以后生长速度慢,所以要加强日常管理。

日光温室黄瓜

越冬茬芹菜

1.**调节温度、湿度和光照**　要注意天气变化，做好防寒保温和增加光照工作，尽量避免形成湿冷结合的生长环境。首先要勤擦洗棚膜，增强透光率。有条件的应安装补光灯，每天放保温被后开启3～5小时，延长光照时间；在阴天开启10～12小时，增加光合作用，有利于植株和果实生长，但先决条件是开补光灯时棚内温度应在15℃以上才有效果。其次是千方百计增加棚内温度，尤其是地温。番茄等喜温蔬菜10厘米地温应在15℃以上，芹菜等耐寒性作物应在12℃以上。番茄等喜温作物晴天上午室内温度应在23～28℃，夜间

二层幕保温

最低在13℃以上；芹菜等耐寒性作物晴天上午应在20～22℃，夜间在10℃以上。可通过棚内二层覆盖膜和覆盖双层草帘等多项措施来提高温度。第三是降低棚内空气湿度，尤其夜间湿度过大容易感染病害，主要通过提高室内温度和适度放风来调节，即使阴天也要短时放风，降低室内空气湿度。

2.植株和果实管理 及时整枝打杈和绕蔓落蔓，番茄长至预定果穗时摘心，番茄采用连续换头的方式来延长植株坐果，去除下部老叶、黄叶和病叶；选用安全的丰产剂二号或果霉宁调节剂喷花或蘸花辅助授粉、疏去多余的花蕾和多余的果实；并在最佳商品期及时采收，以防坠秧而影响继续坐果。

生 菜

甜 椒

樱桃番茄

3.科学浇水施肥 追肥应以随滴灌施用营养全面、配比合理的圣诞树等速溶肥为宜，也可随水施用氮磷钾全面的腐殖酸类有机液肥，根据不同作物施用不同配比的肥料，如番茄宜施用氮磷钾含量为16：8：34的肥料；在温室内设置蓄水池或蓄水缸或桶，提前3天蓄足水，待水温升高后再浇水，还要注意以小水勤浇为宜，尤其温室内蔬菜不能大水漫灌，以防地温骤降而影响生长。

水肥一体施肥首部

膜下滴灌

 不利天气的特殊管理

连续阴天或雾霾天气时应采取补光、除湿、加温等措施，以保障冬季温室蔬菜健康生长。如遇极端寒冷天气，为确保黄瓜、番茄等喜温类蔬菜不发生冻害，可采取临时加温措施，如安装浴霸热转换灯泡、空气加热线、电热鼓风炉、加温燃烧块和燃油热风炉等，来提高室内温度。在降雪时及时清除前屋面和后屋面积雪，避免雪融化在草苫或保温被上降低其保温效果。降雪后和阴天时，在保证温室内气温12℃以上前提下，可于中午前后揭开草苫，使作物接受散射光；遇久阴骤晴的天气，应将草苫隔一块揭一块，或将保温被卷起一半，以防阳光过强造成植株萎蔫。在雪天和阴天不能进行追肥、浇水、整枝、疏果等农事操作。对一些跨度大、骨架牢固性差的温室，要及时对温室棚架进行支撑加固，防止下雪时棚室坍塌。

病虫害防治

　　大寒多是低温寡照天气，棚内低温高湿生长环境容易诱发病虫害，应首先调节适宜的生长环境条件，增温和补光尤为重要，阴天也要在中午短时间放风排湿，并在行间撒一层干锯末或干秸秆，以吸取棚内过多的湿气；发病初期选用低毒、低残留的药剂及时防治；大力推广新型药械施药技术，采用喷施粉尘药剂与烟雾熏蒸相结合的方法来防治病虫害，尽量不用常规喷雾方法施药，以降低棚内湿度。并

辣椒白粉病

且要严格遵守施药后安全采收间隔期的规定，确保产品的安全。

　　气温持续较低，温室蔬菜生产应加强保温，防止出现冻害。低温导致棚室内湿度较大，如不能有效通风降湿，灰霉病、晚疫病、菌核病、白粉病等病害将易发生。湿度较大也有可能造成蜗牛、蛞蝓等软体动物危害蔬菜，应加强田间监测及时防治。

　　防治辣椒等茄果类作物白粉病，可采取定期使用硫黄电热熏蒸的方法，也可每667米²选用12%苯甲·氟酰胺（健攻）悬浮剂42～70克或25%咪鲜胺乳油50～62.5克常温烟雾施药防治。防治蜗牛、蛞蝓等软体动物，可在田间每667米²撒施6%四聚乙醛（密达）颗粒剂400～544克，条施或点施，距离40～50厘米、傍晚施药为宜。

温室耐寒快熟蔬菜播种与定植

日光温室种植的油菜、茼蒿、菠菜、生菜、小白菜、樱桃萝卜等快熟蔬菜正是播种与定植的季节。要施用充分腐熟、细碎的优质有机肥1 500 ~ 2 000千克，精细整地，做到地平、畦平、垄直，表层土壤疏松、没有明暗坷垃。茼蒿、菠菜、樱桃萝卜、小白菜宜采取直接播种的种植方式，在浇足底墒水后，均匀播种，覆土薄厚一致后盖一层地膜起到保温保湿的作用，待出苗50%及时撤去地膜。加强生长期管理，种出鲜嫩、安全的产品以供应春季淡季市场。

日光温室耐寒叶菜

贮存菜管理和出售

大白菜、萝卜、胡萝卜、芹菜等贮存蔬菜要陆续出窖整修出售。对于活窖贮存的大白菜整修后即可上市，埋藏贮存的大白菜、芹菜、菠菜等要出窖后逐渐增加温度回暖，不要出窖立刻放到温度高的环境快速回暖，以防降低商品性。并经常检查贮存温度是否适宜，保温措施是否得当。如温度过低或过高，应及时增减覆盖的土层厚度或保温材料。活窖贮存的大白菜要定时倒菜，及时去除黄叶和烂叶。

有机肥料堆制

将已准备的鸡粪、猪粪、羊粪等未经腐熟的有机肥，每立方米掺入5 ~ 10千克加速腐熟的菌种，每隔15天翻倒1次，使其在施用时达到充分腐熟、细碎的标准。为提高蔬菜产品的品质，施用充分腐熟加生物菌的羊粪效果最好，番茄、黄瓜等瓜果类作物每667米^{2}用量在3 000千克以上。

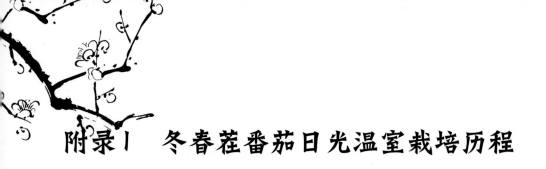

附录1 冬春茬番茄日光温室栽培历程

本茬口在华北地区从大雪节气开始育苗，历经冬至、小寒、大寒、立春、雨水、惊蛰、春分、清明、谷雨、立夏、小满、芒种、夏至、小暑、大暑等16个节气。产品上市处在春淡季，该茬口安排可保证"五一"节前后的上市供应，因为节日市场需要量大，经济效益较高。该茬口的特点是：苗期和生长前期处于低温寡照条件，植株生长缓慢，苗龄长，秧苗易徒长，易发生低温伤害，对花芽分化也不利，所以选择品种时要考虑无限生长类型、耐低温、耐弱光、耐高湿和不易徒长品种，栽培管理上要考虑防寒保温、补光等措施。

一、品种选择（大雪）

冬春茬番茄日光温室栽培宜选择耐低温弱光、连续结果性强、品质好的品种，如普罗旺斯、合作928、绝粉702、中研988、金棚1号等。

二、适期播种培育壮苗（大雪、冬至、小寒、大寒、立春）

1. 播期的确定（大雪、冬至）

适宜的播种期决定于定植期，定植期则要根据当地气候和日光温室的性能来确定。因品种而异，一般要求播种期比定植期提前50～70天。北京地区普通日光温室播种期一般在12月中旬至下旬，定植期为2月中下旬；高效节能型日光温室播种期可提前到11月中旬至12月上旬，定植期为1月下旬至2月上旬。如果播种过早，苗龄过长，容易形成徒长苗或小老苗并出现畸形果；苗龄过短，未见花蕾，定植后易徒长，影响早期产量和产值。

2. 播量的确定

凡是符合国家标准的合格种子，其发芽率可达85%以上，番茄种子每克约300粒，按80%出苗率计算，可出240株左右的幼苗。一般普通粉果品种每667米²定植用苗3 000～3 300株，加上30%～50%的损耗率，每667米²种植番茄的播种量在20～30克。

3.育苗场所的选择

无论使用高效节能日光温室还是使用普通型日光温室，育苗时期外界气温过低，要求育苗过程，特别是花芽分化及发育时期的温度应比定植时生长环境温度高一些，即日光温室栽培，要求在有加温设备条件下育苗，不应片面强调日光温室不可加温。日光温室是靠阳光辐射增温，如遇连阴天，室内温度就难以保证，而且即使晴好天气，白天温度有保证，但处在严寒季节（12月下旬至翌年1月下旬）的夜温仍然偏低，不能满足番茄发育要求。一般番茄在偏低温下慢速生长，将导致形成大量畸形花，严重者出现无生长点苗（秃尖苗）。现实生产中曾经多次因为上述原因发生纠纷事件，农民认为是种子问题提出索赔，但这种现象的主要原因是育苗时的气温、地温过低（或过高）和育苗基质板结通透性差等恶劣环境条件影响了幼苗生长发育所致。为了培育优质壮苗，避免发生不应有的纠纷，这里特别强调：该茬的生产用苗，应该在有防寒保温设施的温室中育苗。如果实在不具备条件，则应适当推迟播种日期。

4.播种床的准备

育苗场所确定以后，就要考虑苗床条件。因为育苗床条件的好坏，关系到秧苗的质量好坏，从而影响产品的数量和质量，最终影响效益的高低。

播种床的面积大小是：每平方米苗床可播种子3～4克，每定植667米^{2}需要播种床6～7米^2。冬季育苗的关键问题是如何提高土壤温度。只有床土温度得到提高，出苗及幼苗的生长才可以得到保证。下面介绍3种播种床制作方法。

（1）电热温床制作　制作电热温床需要准备以下物品：电热线、控温仪、继电器、电闸盒、配电盘等，并经正式电工安装。电热线可用北京产的NQV/V0.89农用电热线，每根长160米，功率1 100瓦，表面温度最高达50℃，电线周围的土温可达30℃。也可选用上海产的DV型系列电热线，有不同型号，功率有400瓦、600瓦、800瓦、1 000瓦、1 200瓦等多种型号；每条线长有60米、80米、100米、120米等多种规格，但一般选用1 000瓦功率、100米线长规格的地热线。使用温度小于或等于45℃，电压

铺设地热线

均为220伏，电流均为2安，可根据自己的实际情况具体选用。

育苗畦挖土10厘米，将畦底整平，布线。华北地区冬季温室育苗可选定功率为每平方米70～90瓦，线间距为8～12厘米，线要拉直，保持距离，畦边可稍密，中部稍稀，控温仪连接的感温头要插入土中。

布好线后接通电源，检察电路是否畅通，无问题后即可覆土。覆土时，先用起出的土覆盖一层，然后放育苗盘或加入肥料的培养土，播种畦适量施肥，按田园土与过筛的腐熟有机肥7：3比例混合，铺在畦内、耙平，轻轻踏平待用。

（2）容器播种　严冬季节不具备电热温床条件时，可用容器播种，对提高土温有一定效果。采用60厘米×24厘米规格的50穴或72穴的塑料穴盘，也可用6厘米×6厘米的营养钵育苗，还可用木板条钉成长、宽、高为50厘米×30厘米×10厘米的木盒。在温室内用砖或木架将育苗盒（盘）适当架高，利用气温增温快的特点，使土温随之升高。播种盒内装入培养土（按田园土与腐熟过筛的腐熟有机肥7：3混合而成），拍平待用。

（3）地床播种畦制作　室内温度较高、土温相应上升时，可直接用于地床播种。选择前茬未种过番茄的温室，做成平畦，每平方米施入发酵过筛的精细有机肥15千克，充分将肥土混匀，耙平，轻踏平一遍待用。

如果有检测条件，可检测一下，苗床土肥料水平是否达到氮含量在0.012%以上，磷含量在0.016%以上，钾含量在0.018%以上。

5. 浸种催芽

浸种和催芽是两个概念，可以只浸种不催芽进行播种，也可浸种后再催芽进行播种。通常采用温汤浸种，以便杀死附着或潜伏在种子表面的病菌。方法是将种子放入50～55℃温水中，不断搅动，使种子受热均匀，水温在50℃状态维持20～30分钟后捞出，之后再放入30℃左右的水中浸泡4～6小时，待种子吸足水分，捞出催芽。

在农村若无温度计，可用开水2份，加入冷水1份，配成相当于55～56℃的温水，放入种子，不断搅动，至水温降至不烫手，约30℃时，停止搅动，浸泡4～6小时，捞出催芽。

种子消毒除温汤浸种外，还有药剂浸种、拌种、干热消毒等方法，但这些方法一般在特定的条件下使用，如有些药剂消毒后未清洗干净会影响发芽，既没有温汤浸种易掌握和经济有效，又要求严格，所以不宜盲目采用。

催芽方法是：浸后的种子沥去浮水，将湿种子用透气性良好、洁净、半潮的布包好放入盘中，种子厚度不超过5厘米，上面盖双层潮干毛巾或麻袋片，然后放在25～28℃的恒温箱中催芽。每天要用温水投洗一遍，控净浮水，再继续催芽。投洗的目的一是使种子翻动供氧，二是补充水分。吸足水后的种子在温度具备、氧气充足的条件下，经过48小时便可发芽；隔年陈种子发芽稍迟缓，72小时也可出芽。种子露出1～2毫米的胚根后即可播种。

当种子已经发芽，却遇到天气突变或其他事宜不宜播种时，可将有芽种子在保湿条件下，放在温度低于10℃又不会结冰的环境中保存，有条件者放入家用冰箱的冷藏室内，或放在冷凉屋内，经常翻动，保持芽不干，待天气好即可播种。

6.播种

播种应该选在"阴天尾，晴天头"的上午进行。播种当日清晨，提前先将育苗床土浇透，灌足底水，一般地床水深5～7厘米，要使8～10厘米土层含水达到饱和；如果是育苗盒、育苗穴盘、育苗块播种，浇水达到盒下渗出水的程度为宜。底水渗下后，在床土上撒一层过筛无肥的细潮干土，以防种子与泥泞床土直接接触，影响出芽。撒完底土即可播种。播种方法有以下两种。

（1）撒播 采用普通苗床育苗，播种时将出芽的种子与洁净细沙拌匀，用手均匀撒播；若播种干籽（电热温床），则将种子搓散，用手均匀撒播。种子之间的距离以1厘米为佳。播种后要立即覆盖，覆土厚度以6～10毫米为宜，覆土要采用过筛、无肥料的潮干细土。覆土过厚，影响地温，出苗困难，易形成"顶盖"现象，即苗将厚土层顶起；覆土过薄，种皮不易脱落，出现幼苗"带帽"现象，影响子叶伸展。

老菜园土壤病菌较多，为了防止苗期病害的发生，可拌成药土撒在种子上，药土可用50%多菌灵，每平方米用药8～10克，加土掺匀后撒在种子上，之后再覆土。

（2）点播或穴播 采用穴盘、营养钵或育苗块育苗方式，采用点播或穴播的播种方法。每穴（钵）点播1粒经催芽的种子，应在每盘3～6穴播种2粒种子，以备补苗用。播种后覆盖0.8～1厘米厚的蛭石或无病虫源的细沙土，然后用平板或平锹将其轻轻压实。

早春季节覆土后，立即用塑料薄膜（地膜）将畦面或播种苗盘、营养钵、营养块等覆盖严实，以利增温保湿。在幼苗70%出土时撤去覆盖物。也可做成高30厘米的小拱棚，以利增温、保湿和出苗。

7.苗期管理

（1）温度管理 种子出土前主要是保证出苗温度，尽量使地温达到18～22℃范围之间。电热线温床播种干籽时，应将控温仪调到22℃，经过5～6天出苗。经过催芽的种子经过3～4天即可出苗。

苗出齐，子叶展开时，温度应降低，白天适当通风，温度掌握在

18 ～ 20℃，夜间10 ～ 12℃。苗床温度不能低于10℃，但也不能过高。这时期幼苗的生长，为下胚轴伸长快的时期，如果不适当控制温度，特别是夜温高，易形成"高脚苗"。

经过3 ～ 5天，真叶出现，为促进真叶生长，适当提高温度，白天23 ～ 30℃，夜间13 ～ 18℃，保持昼夜温差10℃。若遇到阴雪天气，白天温度降低，夜间亦应相应降温，最好保持昼夜温差不低于5 ～ 6℃。

本阶段温度的高低，将影响到花序节位与花芽分化的早晚。

（2）放风　以开缝通风方式来调节温度和换气。放风应由小到大逐渐进行，还应注意方向，避免冷空气直接吹入室内，造成"闪苗"。分苗前3 ～ 4天加大通风量。

温室通过拉起和覆盖草苫方式，来控制光照长短。每天尽量保证幼苗8小时以上的见光时间，结合室内温度，尽量延长光照时间。阴天也应拉开草苫，因为散射光也有一定作用。

注意保持透明屋面的清洁度，使其透光性好。因幼苗正值光照弱、光照时间短的季节，保持幼苗受光时间和光照强度是培育健壮子苗的关键。如果光照不足，幼苗颜色变黄，叶片变薄，体内物质积累少，将使花芽分化推迟。

（3）水分管理　播种时浇足底水，子苗期原则上不浇水。如果用营养钵或育苗块育苗，因土层薄，容易干，要适当浇水，保持幼苗正常生长。分苗前一天盖草苫前要浇水，这样次日分苗时，秧苗体内含水充足，不易萎蔫。

（4）分次覆土　普通苗床育苗方式从播种至出齐苗，要覆土两次，每次覆土厚度0.5厘米。第一次在种子拱土、呈"拉弓"状时，用过筛半潮干细土，均匀撒覆，以帮种皮脱落，防种子"带帽"出土。覆土后畦面仍需保湿。待种子出齐、拆除畦面覆盖膜之后，无露水时，进行第二次覆土，以弥合子叶出土时形成的细缝，并防止畦面干裂。根据畦面的潮湿情况确定覆土的潮湿度，若畦面过湿可覆盖稍干的细土，反之则覆盖稍湿的细土。如果出苗不整齐，可能需要覆土3次。

（5）间苗　由于播种不匀，部分地方出苗过密，应及时间苗。间苗时首先将子叶不正常的苗、"老公苗"（无真叶苗）和出苗过晚的苗拔（剪）去。间苗会造成周边苗土壤松动，故间苗后应再覆土稳苗。

（6）分苗　分苗前，幼苗处于基本营养生长阶段，此时茎、叶、株高和根系不断生长，为花芽分化积累物质基础。当幼苗长至2 ～ 4片真叶时，将开始花芽分化，需要更多的营养物质，需要较大的营养面积。而此时播种床内秧苗已显拥挤，不利于扩大生长和花芽分化。为此，必须在花芽分化开始以前，扩大秧苗的营养面积，以改善营养状况，保障花芽分化与花芽发育的需要，即适时进行分苗。

分苗时期：当幼苗的生理苗龄长至2叶1心期，也就是2片真叶展开、第三片真叶显露时分苗。如果温度有保证，一般是在播种后（日历苗龄）25天进行。为了防止幼苗徒长，可本着"控水不控温"的原则进行。

（7）分苗后管理　浇水的标准是：当土壤含水量达田间最大持水量的55%～60%时，幼苗生长最好。也可通过观察叶色变化状态来确定是否应该浇水：幼苗叶色呈现"新叶浅、老叶深"的颜色时为水分适合，幼苗生长速度正常；叶色呈现"新叶浅、老叶浅"，表明水分较多，要发生徒长或已开始猛长，应该采取断根措施（断根方法是：将育苗钵或土方抬起或移位，拉断扎入地下的根系，减弱吸水能力，达到控制生长的目的）；若叶色呈现"新叶深、老叶深"时，表明幼苗生长因缺水而停顿，如不及时补充水分，不久则发生萎蔫，因此发现新叶色深要及时浇水。设施栽培用苗不必像露地用苗那样强调定植前严格的低温锻炼，只要求锻炼到能适应设施内定植环境的温度水平即可。

每日光照时数不低于8小时，要尽可能增加光照时数。光照时间长、照度强，有利于花芽分化，分化的花朵数多，花器大，由分化至开花的天数少，有利早熟。照度低于13 000勒克斯，花芽分化推迟，分化不良，未分化植株增多；7 500勒克斯以下，花芽数显著减少，花小；光照太弱则花药变成空胞，形成短花柱花，甚至产生不稔花粉，引起落花。弱光下也会引起花朵部分萼片不能形成。因此，盖草苦应本着早拉晚盖的原则，并注意保持玻璃或塑料膜的清洁。育苗棚用的农膜尽量要用新膜，并保持膜面洁净。

（8）倒苗　倒苗是低温寡照季节育成优质壮苗的一项十分有效的措施。温室的不同部位存在着一定的温差与光差，这种差异给秧苗的生长发育带来明显的影响，造成秧苗生长整齐度差。为了使秧苗生长整齐一致，在成苗期要经3～4次倒苗，更换苗所处的位置，使苗大小一致。地床分苗的，也应早挖坨，进行倒苗，调整大小苗位置。

（9）调整间距　在12月至翌年2月期间育的苗，处于全年日照最弱季节，为改善苗的受光状况，要随苗体增大，结合倒苗，将苗挪稀，即加大苗间距，减少相互之间的遮阴，避免徒长，促进秧苗早现蕾，为早熟高产打下基础。挪动后的土坨失水快，必要时应喷水，防止土坨过干。

通过上述管理措施，应该可以培育出壮苗。壮苗的标准是：从外观看，苗高13～20厘米，具有4～6片真叶。穴盘育苗方式苗龄偏短，苗高13～15厘米，有4片真叶；营养钵育苗方式苗龄偏长，苗高16～20厘米，有5～6片真叶。展开叶节间等长，茎秆硬实，子叶完整，叶片舒展、肥厚，有光泽。根系布满土坨，侧根白色，无病虫害。应避免形成徒长苗和老化苗。

三、整地定植 （大寒、立春、雨水）

1. 选地做畦 （大寒、立春）

选用土层深厚肥沃、通透性好、排水方便、保水力强的中壤土。避免连作，以减少土传病害及线虫危害。但是在设施栽培时，重茬栽培难以避免的情况下，应增加基肥的有机肥施用数量，并注意施肥种类的调整，有利于土壤养分平衡，还可施用"平安福"生物菌肥每667米² 施用20千克。必要时进行土壤高温消毒或采用辣根素消毒。

在做畦前，为促进根系向纵深方向发展，必须深耕，要求深翻30厘米，耙碎、整平，施入有机肥和化肥后，才能做畦。施肥量每667米² 耕地前铺施腐熟、细碎的优质有机肥5 000千克以上，肥源不足的棚室也可施用商品有机肥3 000千克以上，做畦前再在畦面撒施或做畦后沟施氮磷钾三元复合肥15 ~ 20千克。

畦式有高平畦和瓦垄高畦两种，畦面覆盖银灰色地膜。滴灌浇水方式做成高平畦，膜下暗灌浇水方式做成瓦垄高畦。畦宽1.3 ~ 1.5米，具体畦的宽窄可根据品种和每株留果穗数而定，樱桃番茄、耐贮运番茄品种和每株留果8穗以上时，畦宽1.5米。普通番茄品种和每株留果6穗以下时，畦宽1.3 ~ 1.5

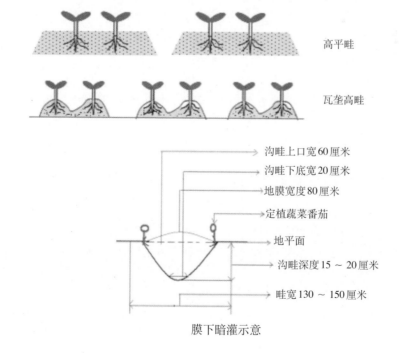

高平畦

瓦垄高畦

沟畦上口宽60厘米
沟畦下底宽20厘米
地膜宽度80厘米
定植蔬菜番茄
地平面
沟畦深度15 ~ 20厘米
畦宽130 ~ 150厘米

膜下暗灌示意

米。高畦的高度视当地地下水位高低而定，地下水位高时畦高20厘米，地下水位低时畦高15厘米左右。

需要覆盖地膜的畦应在定植前一周扣膜，以便烤畦提高地温。若土壤较干，应先在畦中央开沟，浇水，结合施沟肥，然后封土做成小高畦，覆盖地膜。地膜畦面应稍凸，呈馒头顶状，地膜要覆平，尽量与畦面紧密结合，防止杂草滋生。

2. 确定适宜的定植期（大寒、立春、雨水）

由于全国各地气候差异很大，因此种植者要因地、因时、因棚来确定最佳的定植时期。首先要根据日光温室的保温性能和气候情况以及消费者的需求来确定最佳的定植时间，一般连续5天室内平均温度稳定通过10℃以上，10厘米地温达到13℃以上即可定植。北京地区保温性能好的日光温室在1月下旬至2月中旬定植。要选择"冷尾暖头"的时机定植，即冷空气即将过去、暖空气马上开始的时机晴天定植。

3. 确定适宜的定植密度

定植密度的多少决定产量的高低，而产量的构成又与各个品种的特征特性相关。它们之间的相互关系如下：

$$产量 = 单位面积种植株数 \times 平均单株产量$$

其中：

$$平均单株产量 = 平均单株果穗数 \times 平均每穗坐果数 \times 平均单果重量$$

根据品种的特性和栽培方式不同，番茄采取高架栽培、保留5～8穗果时，每667米^{2}地种植密度在2 500～3 300株。

4. 定植技术

一般选取晴天上午进行定植，每畦栽两行，株距25～35厘米。栽苗的深度以不埋过子叶为准，适当深栽可促进不定根发生。如遇徒长苗，秧苗较高，可采取卧栽法，将秧苗朝一个方向斜卧地下，埋入2～3片真叶无妨。

做畦定植

低温季节一般采用暗水定植方法，即先开沟浇水或在定植穴内先浇水，之后放入秧苗，再覆土。暗水定植，水量以达到使苗坨与挖土之间充分结合即可，水量过大会降低地温。根系暂时达不到的地方，可不浇水。这种方法能够防止土壤板结，利于提高地温，促进早生根、早缓苗。

四、定植后的田间管理（立春、雨水、惊蛰、春分、清明、谷雨）

定植后进入开花坐果期，生长特点是：植株由以营养生长为主过渡到以营养生长与生殖生长并进的生长发育状态。管理目标为促进缓苗、保花保果，促使秧果协调生长，争取早熟、高产。

1. 温度管理

定植后5～7天，尽量提高温度，原则上不放风，如遇晴天中午，气温达30℃时才可放风。当看到幼苗生长点附近叶色变浅，表明已经缓苗，开始生长，为预防营养生长过旺，应降低温度，白天以25℃左右为宜，夜间13～15℃；开花以后可适当提温，白天最高不超过28℃，最低夜间温度不低于15℃；第一穗果进入膨大期后，气温掌握在15～30℃，一般晴天上午达28℃开始放风，傍晚气温降至16℃关闭放风口；结果期降低夜温有利果实膨大，昼夜温差可加大到15～20℃。遇阴雪天也应适当放风换气排湿，并保持一定昼夜温差。

变温管理：根据植物的光合成与呼吸特性，在设施内实行变温管理，能有效提高产量。变温管理是将一天的温度分为三个阶段：第一阶段是8～13时，温度保持在25～28℃，可充分确保光合作用的进行；第二阶段是13～18时，温度逐步降至23～20℃，使温度与逐渐减弱的光照相适应；第三阶段是夜间，温度保持在15～18℃，以促进光合产物运转，减少呼吸消耗，增加植株体内养分积累。

2. 放风管理

结合温度管理进行放风，以达到排湿、换气、降温的目的。当室内空气湿度超过75%时，极易发生真菌类病害，降

放风管理

低室内空气湿度是设施栽培综合防病的重要内容。除地面覆盖外，降低空气湿度主要靠科学放风。但是放风量过大，室内温度又会随之下降，温度与湿度之间形成一对矛盾。如何保证光合作用所需要的较高温度，又能排出室内的湿气呢？这就必须依据变温管理的要求，上午少放风，使室内温度尽快达到要求，在适宜的高温条件下，光合产物增加。有资料报道：温室蔬菜一天内的光合产物总量中，约有70%是上午制造的。因而上午应少放风，而且升温后，可使棚布上、叶面上的水珠汽化，此后打开通风口，在降温的同时，可迅速排除水汽，降低空气湿度，并换入新鲜空气。如遇阴天，室内虽达不到28℃，到13时也要开通风口进行换气，增加室内氧气。

何时关闭通风口？本着阳光不再照到透明屋顶，闭合通风口后，室内温度不再回升为原则。如果关闭风口后，室内温度又升高，会产生新的水汽，到了夜间，室内温度下降后，这些水汽必然凝结成水珠，落回叶片上，容易引发一些病害的发生。因此，防止夜间结露，对预防病害是至关重要的一个措施。

有的农民认为不加温的温室夜温低，为使白天的热量留在室内，下午早早关闭放风口，将热量留在室内，岂不知这样将水汽也圈在室内，夜晚温度下降后，水汽凝成水珠（结露），室内如同下雨，给病害的发生创造了有利条件。因此，通过环境控制，合理放风，减少病害，是冬季生产的管理重点之一。

3. 光照管理

定植初期，正处在光照弱的季节，提高室内光照十分重要。首先，每日要清洁薄膜上的尘土，内墙可增设垂直张挂2米高的镀铝聚酯镜面反光幕，在冬季反光幕前0～3米内，平均照度可增加9.1%～44.5%，并有利增加气温、地温，可消除室内弱光低产带。蒲席和草苫应尽可能早拉晚盖。

4. 肥水管理

番茄要注意水分的管理，定植成活后，灌水不宜过多，以保持畦土湿润稍干为宜。降雨时应注意排水，畦沟内不可有积水，防止忽干忽湿，以减少裂果及顶腐病的发生。在第一穗果实长至3厘米大小，第二穗果实坐住时开始浇水，以后在每穗果实膨大时要浇一次催果水。以后根据实际情况确定浇水次数。当新生叶尖清晨有水珠时，表明水分充足，幼叶清晨浓绿可考虑浇水。

追肥也应视植株长势而定：当叶色浓绿，叶片卷曲等，表明肥力充足；相反，叶片变薄，叶色变浅，新出枝梢变细，下叶过早黄化等，表明肥力不足，应及时追肥。

虽然在定植时已经施足基肥，但还需施用追肥。在第一次果穗开始膨大时追第一次肥，即攻秧攻果肥，每667米^{2}利用滴灌施用氮磷钾含量为16：8：34的圣诞树速溶肥5～8千克，或随水追施氮磷钾含量为

40%～50%的冲施肥8～10千克。销售给中高收入消费者应避免施用化学肥料，每667米²随水追施满园春生物冲施肥10～20千克；要注意氮磷钾肥料的合理配比，以1：0.3：1.8为宜，应避免氮肥施用过多，钾肥供应不足的现象。为促进果秧正常生长，以后在每穗果实膨大时（长至3厘米大小时）应追一次肥，施肥量根据植株长势来定。施用追肥要本着少吃多餐和平衡施肥的原则，否则追肥不及时或配比不合理会影响产量和品质。

　　另外采用二氧化碳施肥可以提高产量。有研究数据表明：设施内二氧化碳浓度提高到0.1%，可提高产量10%～30%。方法有二氧化碳发生器法和化学反应法两种。化学反应法操作方法是：每1 000米³空间，在果实开始膨大期的晴天日出后，不开风口的前提下，每日将2.3千克浓硫酸对入3倍水中，配成1：3的稀硫酸溶液，与3.6千克碳酸氢铵混合，经化学反应生成二氧化碳，浓度约达0.1%，闭棚2小时以上，当棚温达30℃时开窗放风，连续使用35天，可达提高产量的目的。阴天不施。反应后的化肥还可做追肥使用。二氧化碳肥吊袋方法比较省工，坐住果后每667米²悬挂二氧化碳肥20袋左右。

番茄支架栽培

番茄吊蔓栽培

5.植株调整

缓苗后，在肥水条件比较好的情况下，植株生长很快，为调节生长与发育的关系，防止营养生长过旺，改善光照营养条件，应对植株进行调整。调整方法有支架、绑蔓、打杈、去老叶、摘心等。

（1）**吊蔓或搭架**　番茄为半匍匐性，大多数品种都需要吊蔓或搭架来固定植株。吊蔓应采用银灰色吊绳，有驱避蚜虫的作用，两行分别吊向上方。还可采用竹竿搭架的方式，支架的高低可根据计划保留果穗数来决定，有利通风透光。搭架栽培时，可插长竿，编成花架或人字高架，设施栽培多为单干整枝，一株一竿即可。

绑　蔓

（2）**绑蔓**　支架后，植株达30厘米以上，进入开花期时，进行第一次绑蔓，绑在花穗之下，起支撑果穗的作用。绑蔓时，注意将花朝向通道的方向，以便将来用生长调节剂处理花朵和摘果。花穗不要夹在茎与架竿之间。绑蔓时，不要过紧，为茎以后加粗留有余地，最好茎与架竿之间绑成"8"字形。原则上每穗果下绑一道蔓。如植株徒长，可稍绑紧些，以抑制生长。顶部最后一道蔓也应稍紧。绑蔓用料可因地制宜，通常用塑料绳，也可用马蔺、玉米苞皮、碎布条等。

（3）**打杈**　番茄的杈如果不打掉，其叶腋处亦可生成二级侧枝，每级侧枝都可形成花穗，如放任其生长，植株将变成杂乱无章的丛生体，株间不通风，枝叶相互遮阴，造成果实商品性下降，熟期推迟，病害发生，所以整个生育期要不断进行整枝打杈。设施栽培一般采用单干整枝，即只保留主干，摘除全部叶腋内长出的侧枝。否则，随株高增加各叶腋处相继发生侧芽，抽长成为侧枝，在各侧枝中，以紧邻花穗下的侧枝生长最快，单干整枝应尽早摘除此枝，不然很快会变得与主枝等粗，这是主枝的"竞争枝"。而双干整枝时，就是利用这一竞争枝作第二主枝，必须加以保留。

打杈时期：定植后的第一个侧枝，适当保留一段时间再打杈。因为地上部侧芽的生长，能够刺激根系生长，刚刚定植后的植株根群不够发达，过早摘除侧枝，会影响根系生长，一般在7～8厘米长时再摘去。以后生成侧枝及时打去，以减少养分消耗。另外还要根据植株长势确定打杈的早晚，生长势弱的植株要晚打杈，可在开花后打杈；生长势旺的植株要早打杈，以便抑制其生长速度。

打杈方法：打杈强调"掰杈"，即用手指捏住侧枝顶部，骤然往旁侧掰下。这样做伤口整齐，便于愈合，而且掰杈的手只接触杈，不接触主干，可避免传播烟草花叶病毒。

注意：打杈要选在晴天通风时进行，以便伤口愈合快。若在阴雨天或有露水时进行，伤口容易腐烂，给病菌入侵创造了条件。

（4）**摘心** 果穗数达到计划保留的数目时，在果穗上留2～3片叶后摘心。摘心是削弱植株顶端优势，使植株体内大量养分输向果实，促进果实膨大，提高产量的有效措施。摘心时顶部留2片叶的原因是：这2～3片叶是其下部紧邻果穗的功能叶片。如果只留1片，虽然熟期可提前，但单果重下降。

（5）**打老叶** 植株进入果实绿熟时期，叶量较多，可将下部见不到光和变黄的叶片去掉，以改善通风透光条件。一般第一果穗下的叶片全部去掉，以后第二果穗进入绿熟期，将其下部叶片去掉，以此类推。但每株要保持16片左右的功能叶，才能保证植株的光合作用产物供给果实生长的需求。打老叶与打杈一样，也要选在晴天上午进行，以利伤口愈合，并可随采收将果穗下面叶片摘除。在此必须指出：果穗上面的叶片，是有效的功能叶片，切不可摘除，以便保证上层果实的良好发育。

（6）**果实管理** 定植后管理重点是确保第一穗果坐住，并且果实正常膨大。这不仅有利早熟，达到高收益目的，而且第一穗果坐住，发育良好，可以坠住秧的生长，保持营养生长与生殖生长的平衡，防止植株徒长。如若第一穗果坐不好，容易疯秧，形成头重脚轻株型，必将影响到早熟性以及高产和高效益的实现。

番茄属于自花授粉作物，露地栽培时，环境正常，可自行授粉结实。但是设施内空气湿度较大，花药不易开裂，加之有时气温偏低，导致自花授粉、受精能力差，容易发生落花落果事件，需要用人工辅助授粉方式来促进坐果。使用振荡授粉器在晴天上午8时至10时效果最好，要求棚室温度在18～30℃时操作。若室温低于15℃或高于30℃时，应采取防风、遮阳、保温、防寒等有效措施来调节。在不能有效调节的情况下应采用安全、效果好的丰产剂二号和果霉宁等生长调节剂喷花或蘸花来提高坐果率。具体操作方法是，根据不同的室温配制不同的浓度，例如在室温20℃时，每袋丰产剂二号（8毫升）对水0.75千克。当每穗花序有3/4的花朵开放时用喷雾的方法将其喷到花朵上，尽量避免喷到柱头上，以免形成畸形果。同时应特别注意，喷施的时候要戴手套，用手指夹住花序喷，避免喷到叶片和植株生长点上，否则就会抑制植株的正常生长。也可采用蘸花的方式，用毛笔将其均匀涂蘸到花柄部位，注意涂抹叶柄的一圈。

当果实坐住以后，及时疏去多余的花和果。一般每穗留果3～4个，疏去畸形果和一穗上过大和过小的果实，使果实成熟时大小均匀。

五、适时采收（立夏、小满、芒种、夏至、小暑）

番茄果实要达到生理成熟方可食用。番茄成熟大体分为四个阶段，应根据产品销售要求决定适宜的采收期。

1.绿熟期

果实大小定型，果皮出现光泽，果实叶绿素渐少，色变浅，也叫白熟期。此时种子周围的胶状物已形成，即将转色。如果为了长途运输，此时可以采收。绿熟期果实质地硬，运输途中破损少，但是这种果实变红后含糖量低，风味差，品质不及在植株上转色的果实。

2.转色期

果实顶部变色（红、粉红、黄等），着色部分达到1/3，此时采收可运输到附近城市销售，经2～3天后果实会全部转色。此时采收果实品质较好，也可适当运输。

3.成熟期

果实由部分着色到除果肩外全部着色，但果实尚未软化，呈现品种应有的色泽。此时采收果实含糖量、风味均可达到品种应有水平，品质好，营养价值高，生食最佳。此时采收的果实，适合就地销售或近距离销售。

4.完熟期

果实全部着色，果变软，商品性下降。在设施内进行的鲜食栽培不能等到这个阶段才收获。

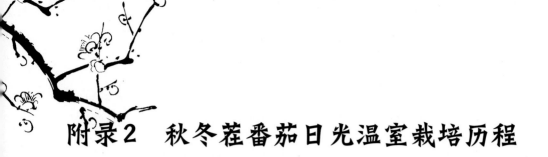

附录2 秋冬茬番茄日光温室栽培历程

这是华北地区在秋季播种，冬季收获番茄的栽培方式。本茬口从小暑节气开始，历经大暑、立秋、处暑、白露、秋分、寒露、霜降、立冬、小雪、大雪、冬至、小寒、大寒等14个节气。其产品供应在秋大棚供应之后，可为元旦甚至春节提供产品。秋冬茬番茄生长发育环境特点是：苗期气温较高，定植后适温生长，结果期气温下降到全年外界最低气温阶段。所以在设施上要利用日光温室来保温或增温，在栽培技术上苗期要注意降温、防病虫害，后期要注意保温。

一、品种选择（小暑）

秋冬茬番茄日光温室栽培要选用抗黄化曲叶病毒病及其他病害能力强和耐低温弱光、连续结果能力强的品种，如绝粉702、威霸2号、浙粉702、粉红太郎3号、合作928、中研988等。

二、播种育苗（小暑、大暑、立秋）

1. 播种前的准备（小暑）

该茬口播种时处于高温、强光、多雨和病虫害发生严重的季节，所以要选定恰当的播种场地。一般在露地播种，但露地育苗容易发生雨水拍苗现象，所以应架设防雨棚（用塑料薄膜或防虫网在棚架顶部搭建），或在露地选择前茬不是番茄茬口的地块，做成防雨、防蚜播种畦，在播种畦上加设防虫网。防虫网可防止苗期受蚜虫危害，对预防病毒感染十分有效。

2. 种子消毒（小暑）

为了预防苗期病害，播种前要进行种子消毒。种子消毒包括药液浸泡法和粉剂拌种法。

（1）**药液浸泡法**　在药剂消毒前，先将种子浸水10分钟，除去漂浮在上面的瘪种子，再进行消毒处理；或温水浸种后的种子洗净后再用药剂消毒。

消毒用福尔马林（40%甲醛）100倍液浸种10～15分钟，可杀死种子表面所带病菌，用10%磷酸三钠或2%氢氧化钠的水溶液浸种20分钟，有钝化番茄花叶病毒的作用。药剂浸种后一定要再用清水彻底清洗种子。

（2）**粉剂拌种法**　比较简单，可针对当地主要病害采取一两种粉剂药物直接拌种即可。拌种时要注意用药的浓度和剂量，高浓度的粉剂适当加点细沙或草木灰等填充物，用药量一般为种子重量的2%～3%即可。

3.播种（小暑、大暑）

该茬口幼苗生长快，苗龄短，一般于定植前30～40天播种即可。华北地区播种日期在7月中旬至8月上旬。播种方式在高温季节可干籽直播。播前将畦面踏实，浇足底水，水深6～8厘米，水下渗后，畦面轻撒一层过筛的底土。将种子搓散，均匀撒播，种子上可撒一层药土，如50%多菌灵按每平方米8～10克药量，拌上适量细土，撒于畦面，再覆潮干细土0.8～1厘米厚，上面加盖报纸以便保湿。扣好防雨小棚，待小苗拱土时，撤去报纸。或直接将种子播种在育苗盘或营养钵、育苗块里。

4.苗期管理（大暑、立秋）

（1）**覆土**　撤离报纸时，覆土0.5厘米厚，子叶出土后，再覆土0.5厘米厚，育苗器械播种的则不用覆土。

（2）**间苗**　出苗后，发现幼苗密度较大的地方，应及时间苗，利于幼苗健康成长，避免徒长。间苗时应将苗茎掐断，不要连根拔起。子苗期半个月，一般不浇水，但采用穴盘或营养钵等育苗方式的要适当浇水。

（3）**分苗**　当幼苗长至2叶1心时即可分苗，早播者可在露地分苗，晚播者可在小拱棚内分苗。分苗床要求施足基肥，每10米²施入腐熟过筛的优质农家肥150千克，以及粉碎的三元复合肥1千克与土充分掺匀，耙平后可用。

分苗方法：在分苗前一天的傍晚，子苗畦浇水，保证分苗时幼苗体内吸足水分，不易萎蔫。分苗时采取明水分苗法，即用小铲将苗按8厘米见方栽入畦内，要求每株苗均上下垂直于地面，不要斜栽或卧栽。为防止萎蔫，可随分苗随喷水，待全畦栽完后浇一次透水。采用容器分苗时，每个育苗钵分1株苗，分苗后喷水。用营养钵等直接播种育苗的不用分苗，但需要间苗，每穴保留1株即可。

（4）**分苗后管理**　缓苗后，用铁丝钩等工具在行间进行松土保墒，根据幼苗长势情况决定浇水时间。早播者，温度可依靠自然温度，夜温过高时，用浇夜水的办法降温，防止幼苗徒长。晚播者，分苗后气温偏低，夜间应注意保温，白天应注意放风。容器分苗的幼苗，则应该经常根据幼苗叶色和长势确定补充水分时间和次数，并不断调整大小苗（倒苗、断根、挪稀等）生长速度，使幼苗生长整齐一致。

三、整地定植（立秋、处暑、白露）

1. 定植前的准备（立秋、处暑）

首先整地、施基肥和做畦：在整地并施肥后，秋季一般做成瓦垄畦或地膜覆盖的小高畦。其次安装棚架及薄膜。定植前先将棚架和薄膜安装好，以免定植后安装伤苗。当时如果温度较高时，只上顶膜，以后根据气温下降程度，再上底边棚膜。

2. 定植（处暑、白露）

秋冬茬一般于8月下旬至9月上旬的晴天下午定植。定植方法均采用明水定植，即先栽苗、后浇水，定植密度一般是65～75厘米行距（畦宽1.3～1.5米，双行栽培），30厘米株距。

四、定植后的管理（白露、秋分、寒露、霜降）

1. 温度与放风

早播者，定植后外界气温适宜番茄生长，温室前排近地面1米高无薄膜，棚顶部亦留风口，昼夜通风。9月下旬以后，天气渐凉，可将温室前近地面处安装薄膜，但仍保持通风，当夜温降到13℃以下，夜间应闭合通风口，注意防寒。

温度按植株所处生育阶段的要求掌握。进入10月，外界气温更低，本着放风口由大到小的原则管理。10月下旬应加盖蒲席或草苫，温度管理与放风参考冬春茬日光温室栽培，按变温管理原则掌握温度。

结果期正值全年最低温季节，为节省能源可按大温差标准管理，夜温最低可维持到7～8℃水平。如果低于此水平，最好做短期补充加温。

2. 增加光照

进入12月光照渐差，特别是越冬栽培者除每日应清洁透明屋面、减少积尘外，最好在北墙张挂反光幕。据2010年北京市密云县李各庄村田间试验结果，张挂反光幕每667米^{2}可增加产量960千克，增加收益达2 880元。

3. 肥水管理

定植时浇过定植水后，视当地地下水位情况，水位低处可再浇缓苗水。当见到生长点附近叶色变浅，呈黄绿色，心叶伸展，表明已缓苗，应进行中耕、保墒，防止营养生长过旺。一般可到第一穗果坐果时再浇催果水，以后浇水、追肥原则参考冬春茬日光温室栽培。在严冬季节，浇水原则是尽量浇小水，可用喷壶浇水或移动皮管浇水，避免大水漫灌。

4. 其他管理

支架、整枝、绑蔓、保花保果等均参考冬春茬番茄日光温室栽培。

五、采收（霜降、立冬、小雪、大雪、冬至、小寒、大寒）

秋冬茬番茄前期温度较高，果实生长发育快，一般开花后40多天即可采收，成熟的果实要分期采摘。到后期天气转冷，光照变弱，果实膨大、变色较慢，如果要赶种下一茬，可将快成熟（果实转白）的果实采下，用加温或乙烯利方法催熟。进入严冬季节，番茄价格越来越高，也可将转白的果实放在10～12℃的条件下简易贮藏，以后分批催熟、出售。但这里需要强调的是：采摘的果实需要到白熟期，贮藏的温度不能低于10℃，更不能受冻，否则会出现果实腐烂。

附录3 蔬菜生产常见疑难问题解答32例

一、番茄

1.番茄裂果是什么原因造成的？怎么预防？

河北徐水县王先生反映，近几年他们合作社的106栋温室番茄裂果现象非常普遍，已严重影响商品率，产量和产值都损失很大，问是什么原因？怎么避免？

近几年裂果现象在番茄生产中比较常见，出现裂果会严重影响商品价值和种植者的经济效益。据2013—2016年在北京市和河北省21个点的调查结果显示，番茄平均裂果率在18.3%，最高裂果率达41.2%，最低裂果率也有6.2%。目前番茄裂果主要有纵裂果、纹裂果、顶裂果3种类型，不同类型的裂果现象形成的原因也不同。为防止裂果的产生，下面就番茄不同裂果类型的形状和形成原因分类讲述，并提出在生产中预防裂果的技术措施。

裂果的类型和形成原因：

①纵裂果。此类果实侧面有一条由果柄处向果顶部走向的弥合线，轻者在线条上出现小裂口，重者形成大裂口，有时胎座、种子外露。形成原因：幼苗在花芽分化期遇到12℃以下的低温条件，特别是苗期夜温低于8℃更加严重；另外果实膨大期施用氮肥过多、钙肥过少也会产生纵裂果。

②纹裂果。是指在果柄附近的果蒂面上或果顶以及果实侧面发生条纹状裂纹的果实。按裂纹形状具体又分为3种类型。

放射状纹裂果是以果蒂为中心向果肩延伸呈放射状开裂，从绿熟期开始先出现轻微裂纹，转色后裂纹明显加深、加宽。形成原因：受高温、强光、干旱等不良环境的影响，会使果蒂附近的果面产生木栓层，果实糖分浓度增高，久旱后突然浇水过多或遇到大雨，植株迅速吸水，使果实内的果肉迅速膨大，渗透压增高，将果皮胀裂。

同心圆状纹裂果是以果蒂为中心，在附近果面上发生同心圆状的细微裂纹，严重时呈环状开裂。多在成熟前出现。由于果皮老化，植株吸水后果肉膨大，老化果皮的膨大速度不能与果肉的膨大速度相适应，果肉会将果皮胀破，从而形成同心轮纹。同心圆状纹裂果和果实侧面的裂果多发生在果实表面因露水等潮湿的情况下。

混合状纹裂果则是放射状纹裂与同心圆纹裂同时出现，混合发生，或开裂呈不规则形裂口的果实。正常接近成熟的果实，虽然果皮未老化，在遇到大雨或浇大水后，果肉变化过于剧烈，果皮也会开裂而形成混合状纹裂果。

③顶裂果。果实脐部及其周围果皮开裂，有时胎座组织及种子随果皮外翻裸露，受害果实很难看，严重失去商品价值。这是由于畸形花花柱开裂造成，有时柱头受到机械损伤也可造成。一般花柱开裂的直接原因是开花时缺钙，这种情况在低温季节或在大棚中定植过早时尤其严重。钙不足的主要原因是蔬菜对钙的需要量比一般作物多，通常土壤中盐基性钙数量较充足，而蔬菜吸收的钙会与体内的草酸结合成草酸钙。但如果蔬菜从土壤中吸收的钙不足时，其体内草酸便成为游离态而使心叶、花芽受损害产生顶裂果。此外施用氮肥过多、夜温过低、土壤干旱等情况下，也会阻碍作物对钙的吸收，裂果症状会加重。

生产中防止裂果的技术措施：

①选择不易裂果的品种。一般果型大、果皮薄的品种比中小果型品种更容易开裂。

②栽培中适量施用氮肥和钾肥。果实膨大期植株吸收氮肥与钾肥比例为1∶1.83，应避免施用氮肥过多、钾肥不足。并适当施用钙、硼等微肥，同时尽量增施有机肥，做到平衡施肥，促进根系良好生长，可缓冲土壤水分的剧烈变化。

③科学浇水。根据天气情况、土壤质地、含水量和植株长势适时适量均匀浇水，防止土壤过干或过湿。一般在晴天温度高时、保墒差的沙壤土、植株正值果实膨大期浇水要勤一些，反之间隔时间要长一些。尤其防止土壤水分急剧变化对果实产生的不良影响。降雨时温室和大棚的通风口要封严，避免落进雨水。

④调节适宜的光照和温度。育苗期间保持充足的光照，调节适宜的温度，夜间气温不能低于13℃；开花坐果期白天气温在23～30℃，夜间在15～18℃。番茄果实最好不要受太阳直射，一定要保留果实上面的2～3片叶片，摘心不能过早，打底叶不能太狠。夏季晴天11～15时在棚顶覆盖遮光率60%的遮阳网，以避免果实受强光直射。

⑤尽量采取自然授粉方式。大力推广采用熊蜂辅助授粉和振荡授粉器辅助授粉的自然授粉方式来提高坐果率，使用振荡授粉器辅助授粉还有减轻劳动强度、节省操作时间、增加产量的作用。在室内温度低于18℃或高于30℃

时可选择丰产剂二号等对产品安全、畸形果出现少的生长调节剂喷花或蘸花来提高坐果率，并且喷施时浓度要适宜，根据不同室内温度配制不同的浓度，在室温25℃时每袋（8毫升）对水1千克；并保证喷施质量，呈细雾状喷出，在花开放2/3时效果最佳，做到不重喷、不漏喷。

⑥避免损坏花柱。在绕秧、绑蔓、整枝、打杈操作时要注意避开花朵，以防损伤花柱。

⑦适时补钙。植株出现缺钙症状时，可采用0.5%氯化钙叶面喷施，并且避免土壤过分干旱而影响钙的吸收。

2.番茄筋腐病是怎么回事？如何预防？

北京大兴区张先生问，他们合作社许多菜农种植番茄着色不匀，红黄色相间，切开病果可见果肉中有一圈茶褐色的黑筋，果肉发硬、口感差，是怎么回事？如何预防？

经现场观察，这是一种生理病害筋腐病所致。其发生症状在全国各地都很普遍，据我2014—2017年在河北、山东、山西、宁夏等10个省份85个生产点的113个棚室调查结果，发病率为53.6%。

发病时间与主要症状：

设施番茄的筋腐病一般在第1～2穗果的转红期发生，主要症状是果实着色不匀。轻者果形无明显变化；重者靠胎座部位的果面凸起，呈红色，靠种子腔的部位凹陷，仍呈绿色，个别果还呈茶褐色。切开病果，可见果肉中一圈维管束呈茶褐色、发硬，完全失去了商品价值。近几年此病发生较普遍，发病率一般在20%～30%，个别严重棚室可达40%～60%。

筋腐病与病毒病的果实症状有些类似，但仔细观察仍有较大区别。患筋腐病的植株生长很旺盛，一般用肉眼看不出茎和叶有任何病状，但经解剖后，能观察到离根部20厘米处的茎输导组织遭破坏，呈褐色；而感染病毒病的植株，往往顶部叶片表现花叶，严重时病叶皱缩、畸形，茎上有坏死条斑。患筋腐病的病果只是在绿熟果转红期表现症状，果实着色不均匀，转红的部位发软，呈茶褐色的部位发硬；而病毒病在果实发育的全过程中均可发生，使整个病果变硬、果肉脆，严重的呈褐色。这两种病在设施栽培时可混合发生。

发病原因：

①设施番茄生育期光照时数不足。据多年来对气象因子与发病率相关性的调查和分析，认为光照时数与发病率关系极为密切。4～6月的光照时数每天如超过8小时，其发病率较低；而少于7小时，则发病率较高，可达40%左右。

②土壤中氮肥与钾肥比例失调。氮与钾的供应比例失调（氮多、钾少），或土壤缺钾致使钾肥供应不足，使植株光合产物运转受阻，果实内的代谢作用紊乱，导致筋腐病的发生。另外，经常施入未腐熟的人粪尿或其他有机肥料，也会加重筋腐病的发生。

③土壤含水量过高，持续时间过长。据调查，番茄地土壤含水量经常处于饱和状态时，筋腐病发病率较高，可达20%～30%。

④品种的差异。调查结果显示，番茄果型大、果皮厚、果肉硬的品种，筋腐病的发病率较高。

预防措施：

①改善生长发育条件。增强其光合作用，种植适宜的密度，注意行距不要过小。

②加强水肥管理。要保证做到土壤含水量适度，并在增施腐熟优质农家肥的同时，根据需肥规律和土壤养分的含量，及时调整氮、磷、钾肥和微肥的施用量，以保证各元素之间比例协调。在番茄膨果期氮磷钾吸收比例为1∶0.3∶（1.5～1.8），尤其要保证钾肥充足的供应，促使植株营养代谢平衡。

③选用适应性强的品种。尽量不选用果型偏大、果肉硬的品种，预防筋腐病的发生。

3.如何防止番茄落花落果?

广西田阳县韦先生问，番茄在种植过程中经常有落花落果的现象，对产量影响较大，怎么来避免?

形成原因:

①温度不适宜。当生长温度白天高于35℃，夜间温度高于22℃或低于15℃时，都能造成番茄花粉发芽受阻，不能受精，子房枯萎而落花。

②空气湿度不适宜。当空气相对湿度低于45%，柱头分泌物少，干缩，花粉不发芽；但空气湿度超过75%，花药不开裂，花粉不能散出，也不能授粉结实，果柄处形成离层，造成落花。

③土壤干旱。土壤过于干旱，使植株生长量减少，甚至停止，花粉失水，引起落花或落果。

④光照不足。遇连阴天时，光合产物很少，花朵和幼果因营养不足而脱落。

⑤营养不良。多表现在上层果穗，当下层果穗坐果较好，由于追肥不及时，花果间营养竞争失调，上层花朵养分供应不足，造成"瞎花"或脱落。此外，茎叶徒长可能造成下部瞎花或落花。

防止落花落果措施：

①栽培技术措施。首先改善田间生长小气候，调整适宜的温度、湿度，设施内白天温度23～30℃，夜间温度15℃左右；冬季勤擦洗棚膜，夏季覆盖遮阳网，改善光照条件；适时浇水，加强通风换气，使其大部分时间在适宜的条件下生长和发育；采用科学的施肥方法，本着"少吃多餐"和氮、磷、钾平衡施肥的原则，在每穗果膨大期都要追施氮、磷、钾肥一次，调节营养生长与生殖生长的平衡，使植株生长健壮。

②适时辅助授粉。振荡授粉，利用手持振荡授粉器在晴天上午8～11时对已开放的花朵进行振动授粉，促使花粉散出，落在柱头上授粉、受精。还可采用在棚内释放熊蜂辅助授粉的方法，来提高坐果率，这种属于自然授粉结实方式，结出的果实内有种子，口感品质好。

③化学方法。即采用促进坐果的生长调节剂。目前常用的生长调节剂有4种：第一种是果霉宁，不仅能促进坐果，还有防治灰霉病的作用；第二种为防落素或番茄灵（PCPA），使用不当易发生药害；第三种为丰产剂二号，是有机和无机混合产品，对促进番茄坐果效果显著，处理后果实迅速膨大，不易出现畸形果，并且使用后产品安全，能达到绿色食品的要求，但有机蔬菜不能使用；第四种是2,4-D，若使用不当，容易产生药害而形成尖顶畸形果实，生产上不提倡使用。使用方法有蘸花和喷花2种：蘸花是取溶液涂到柱头或花柄节处，花上不要存留过多药液；喷花是用喷雾器使溶液呈细雾状喷到初开的花朵上。处理时遇畸形花应摘除。注意事项：不要开一朵处理一朵，造成果实大小不齐；只处理已开和初开的花朵，不要处理花蕾，避免药害；不要沾到叶片上，避免药害；室温20～25℃期间处理最好，避开中午空气过干或清晨气温过低时间；要严格按照规定浓度处理；不同温度可略做调整，温度高时浓度要低。

4. 番茄脐腐病怎么预防?

河北永清县张女士问，她家种植温室番茄出了不少脐腐果，喷了几次钙肥但还有发生，问怎么办才好?

形成原因：

番茄脐腐病属于生理病害，形成原因与缺钙或钙吸收不足有关，但要注意具体分析。一是北方土地多不缺钙，但不能过度控水，以避免植株因为干旱造成钙吸收受阻。二是钾肥施用过量也会影响钙的吸收。三是硼元素供应不足时，即使土壤中钙含量很丰富，也不会被大量吸收，也会引起钙元素吸收不足，从而形成脐腐病。

预防措施：

首先要科学浇水，保持土壤不干旱，尤其是坐果期以后要保持土壤水分供应，以促进植株对钙元素的顺利吸收；其次是钾肥施用要适量；三是在生长期间叶面喷施钙肥和硼肥结合进行，一般往年脐腐病发生严重的棚室要叶面喷施硼肥和钙肥 3～5 次，并穴施或随水追施硼砂 2～3 次，每次每 667 米^{2}用量 1 千克。

5.番茄植株徒长怎么预防？

山东德州市李先生问，他家种植的番茄秧子长势很好，果却很小，而且长得很慢，是怎么回事？

番茄的产品器官是果实，而且是生理成熟的果实才可食用，所以它必须完成有性繁殖过程，因而存在着生育平衡问题。一旦平衡失调，会引起植株徒长。即在生产中常常出现营养生长过旺，造成落花落果，或果实发育受阻，形成僵果，严重影响早熟性和产量的现象。

徒长植株表现为茎叶粗大、花序细小、茎秆下细上粗。轻者第一花穗果实发育受阻，出现僵果；严重者第一穗开花、坐果均迟于第二穗，上层果大于下层果，植株呈现头重脚轻株型；更严重者整穗落花，不结果实。其最终结果是影响早期产量、产值和总产量。

一般生产上采用的多数品种是无限生长类型，从遗传角度来看，就具有营养生长比较旺盛的特点，如果栽培时控制措施采取不适当，非常容易发生不同程度的徒长，即疯秧现象，对开花、坐果、果实发育和产量带来影响。从实际生产角度来看，容易引起徒长的两个原因是幼苗定植过早和浇催果水过早。

（1）小苗定植引起的徒长　一般定植时，如果幼苗生育状况未达到现蕾水平，定植后营养面积扩大，水分充足，根系得以自由生长，而此时植株正处于营养生长为主导的阶段，极易徒长。

预防措施：尽量采用大一点的壮苗定植，早春茬可以培养现蕾的大苗定植，这样定植缓苗后很快进入开花期，生殖生长加强，第一花穗及时坐果是防止徒长的有利因素。万一受到条件限制，不得不小苗定植时，则需要在定植时控制浇水量，可按穴浇水，避免大水灌溉，这样可以限制根系扩展，然后加强中耕、保墒，待植株现大花蕾、即将开花时方可进行沟灌，以后进入正常管理。

（2）浇催果水过早引起的徒长　徒长的另一个原因是第一穗果未达 3 厘米大小，植株尚未由营养生长为主向生殖生长为主转变，如果早浇水，必将导致营养生长过旺，发生徒长。生产上常因定植时苗整齐度差，大多数植株需要浇水时，少部分植株尚未开花，结果照顾了多数，影响了少数，造成徒长。

预防措施：育苗时经常调整大小苗位置，使定植时幼苗的生育状况整齐一致；若定植时仍有大小苗，应分别定植，区别管理。尽量掌握好催果浇水追肥时机，即缓苗后至坐住果前不浇水，待第一穗果长至核桃大小时再浇水追肥，并且要氮、磷、钾肥按比例配合施用；还要做到控温不过高，控水不过多，控氮不多用；有徒长苗头时可以喷矮壮素或较高浓度的甲壳素和爱多收等调节剂来控制植株旺长。

二、黄瓜

6.冬季温室黄瓜"花打顶"如何解决？

山东寿光市刘女士问，她家日光温室种植的黄瓜，最近十来天瓜条不见长，秧子顶部皱缩一大堆花和幼瓜，几天也摘不下来瓜，是怎么回事？如何解决？

形成原因：

冬季温室黄瓜的花打顶或瓜打顶的现象，即缩头不长的症状，是植株营养生长受到严重抑制，主要是由于低温、光照不足和干旱等原因造成的，不能满足植株和瓜条生长所需要的条件。

解决方法：

首先要采取增光保温措施。可采取在草苫子上面加覆膜、极端低温时在棚后墙体上悬挂500瓦碘钨灯、经常擦棚膜以增加透光率等措施，使棚室内温度和光照条件满足黄瓜植株营养生长和生殖生长的需求；其次是及早摘除植株生长点附近的花蕾和幼瓜；第三是科学追肥和浇水，并结合喷施磷酸二氢钾400倍溶液或海藻酸或腐殖酸等叶面肥，也可喷施"云大120"1 500倍液加细胞分裂素600倍液来促进生长。

7.栽培中如何防止黄瓜瓜条弯曲？

河北馆陶县季先生问，他家种植的温室黄瓜总是出现弯瓜的现象，怎么避免？

形成原因：

黄瓜出现瓜条不顺直的现象，主要是由于营养供应不足，或不能满足光照、温度等生长条件，或田间管理粗放等原因形成的。

预防措施:

①及早吊蔓或搭架绑蔓，防止瓜条触地。生长期间及时进行绕蔓、去除黄叶等植株调整措施，不能使植株伸长受阻和叶片叠落影响光照而减弱光合作用。

②加强田间管理促进植株健壮地生长发育，保证瓜条有充足的营养；黄瓜盛瓜期注意调节光照和温度，还要避免在强光、高温的条件下生长。

③在幼瓜发生弯曲时，可在瓜顶端缚上小石块等重物坠直。也可用锋利消过毒的刀片，在瓜条弯曲的相反一侧的瓜柄处轻划一刀，深度3.3毫米，通过暂时切断营养通路来均衡整个瓜条的营养供应，克服瓜条弯曲现象，达到商品性好、售价高的目的。

④在幼瓜伸长初期套上专用的塑料袋能有效避免弯瓜形成。

8. 黄瓜发苦是什么原因? 怎么预防?

山西清徐县吴先生问，他家种植的黄瓜有苦味，怎么避免?

形成原因:

黄瓜产生苦味是一种生理性病害，主要是由于苦味素在瓜条中积累过多所致。它能使人产生呕吐、腹泻、痉挛等中毒症状。苦味黄瓜主要集中在初花期的根瓜及盛花后期的黄瓜。发病原因主要有根瓜期控水不当或生理干旱，易形成苦味；氮肥偏高，或磷、钾肥不足，极易造成徒长，在侧、弱枝上易出现苦味瓜；地温低于12℃，细胞的生理活动降低，使养分和水分吸收受到抑制，也能造成苦味瓜产生。温度高于32℃的时间过长，特别是超过35℃，呼吸消耗高于光合产物，营养失调，也会出现苦味瓜；植株衰弱由于光照不足以及真菌、细菌、病毒的侵染，或发育后期植株生理机能的衰老，也是造成苦味瓜的原因。

预防措施:

一是及时摘除无商品价值的畸形瓜。二是平衡施肥，增施腐熟有机肥做基肥，在基肥中每667米²施30～50千克的过磷酸钙，推广配方施肥技术，在盛花期和结瓜期遵循氮、磷、钾平衡施肥，按5∶2∶6的比例施用，生长中后期叶面喷施3～5次0.3%磷酸二氢钾；三是避免土壤干旱，当气温较高、植株水分蒸发量加大、土壤水分含量较少时，易使植株发生生理干旱，要及时灌水。

9. 黄瓜出现瓜条颜色变黄怎么办?

天津武清区许先生反映，他家种植的大棚黄瓜出现瓜条颜色变黄，但叶片上没有病斑，问是什么原因造成的？怎么解决？

形成原因：

到棚里观察发现，黄瓜叶片和瓜条上均无病斑，只是瓜条颜色呈淡黄色。确定是由于黄瓜栽培中根系发育不良的原因而导致瓜条发黄。形成黄瓜根系发育不良主要有定植时地温过低、植株生长期间叶片偏少和肥料供应不足等原因。根系发育不良会影响整个植株的生长发育，使黄瓜得不到充足的营养，进而造成瓜条发黄。

解决方法：

①改变种植时浇水方式。不少菜农在定植时往往图方便，先干栽，再浇水，这样做的缺点是表层水量充足，根系在浅表层横向发展，但对根系向纵深下扎不利。若定植前先浇透水，然后闭棚升温，使10厘米地温达到15℃时再定植，适宜的地温可诱导根系向纵深发展，同时先浇水还可避免降低地温，更利于根系生长和缓苗。

②保护叶片，促进生根。根系所需要的养分多由中下部叶片提供，因此对下部叶片不宜过早摘除，每株应保留16片以上的功能绿叶，并且要严格控制叶部病害。

③合理施肥，养根护根。在浅层适量施用基肥后再在定植部位开沟深施生物肥，可起到改善土壤、预防病害、促生新根和促使根系向纵深发展形成粗壮根系的作用。蔬菜进入结果期后营养生长与生殖生长同步，冲施肥料时在保证不伤害根系的情况下既要考虑到攻棵，还要注意攻果，因此不宜过多施用氮肥，应冲施适量优质的氮磷钾复合肥。另外，若温度过高时，应减少化肥的用量，增施生物肥，以保证根系正常生长发育。

三、甜辣椒

10. 甜椒结果少怎么办？

北京顺义区王先生反映，他们合作社种植的23个大棚的甜椒结果太少，许多花开放后落了，问怎么解决？

到棚里观察发现，植株细高，有徒长现象，落花落果严重，因而判定王先生合作社种植棚室甜椒坐不住果，是由于管理不善形成"空秧"。

形成原因：

①高温。甜椒苗期一般为6～7天，在此期间要求密封大棚，不能通风，棚温维持在30℃左右甚至更高，夜间还要保温、防冻，以加速缓苗。如果缓苗期过长，大棚内高温高湿持续时间延长，容易引起植株在"假活"的状态

下发生徒长现象。

②通风不及时。缓苗后要及时通风，否则棚内温度高，土壤水蒸发量大，植株蒸腾作用加强，棚内相对湿度将大大超过60%，第一个门椒坐不住，更加剧了植株的徒长，造成恶性循环，以致形成"空秧"。

预防措施：

①缓苗后，在保持棚内适宜温度的情况下，要根据外界气温变化合理放风，以降低棚内湿度。初期保持28～30℃的棚温，以后慢慢降低棚温标准，到开花坐果期保持23～28℃即可，这样甜椒植株生长矮壮，节间短，坐果也多。

②加强水肥管理。甜椒叶片小，水分蒸腾量不大，定植时浇水不要过多，缓苗后到采收前一般不大量浇水，能保证根系吸收需要和棚内空气湿润即可，否则容易造成落花落果。待第一层果实开始收获时，要加强浇水、施肥，多追施有机肥，增施磷、钾肥，以利于甜椒丰产和提高果实品质。

11. 辣椒烂果是怎么回事？如何防治？

天津蓟州区朱女士反映，她家种植的辣椒出现许多烂果，产量明显降低，问什么原因造成的？怎么避免？

辣椒烂果是多种病害的共同症状，但病源不同，症状各异，防治方法也不一样。以下8种原因都能引起辣椒烂果。

（1）**软腐病引起的烂果** 发病初期果实呈水渍状暗绿色斑，后期全果软腐，具恶臭，果皮变白，干缩后脱落或挂在枝上，其他部位很少有症状。应选用47%春雷·王铜（加瑞农）可湿性粉剂800倍液，以及30%琥胶肥酸铜（DT）可湿性粉剂600倍液喷雾防治，7天喷施1次，连喷2～3次。

（2）**疫病引起的烂果** 多数先从果蒂部染病，呈水渍状灰绿色斑，后迅速变褐软腐。潮湿天气，表面长出稀疏的白色霉层，病果干缩不脱落。其他部位如茎杈枝叶上，常有水渍状褐斑。可以每667米²喷68%精甲霜·锰锌（金雷）水分散粒剂10～20克，7天1次，连喷2～3次。

（3）**灰霉病和菌核病引起的烂果** 灰霉病以门椒、对椒发病较多，在幼果顶部或蒂部出现褐色水渍状病斑，后凹陷腐烂，呈暗褐色，表面出现灰色霉层，其他部位症状较少。菌核病由果柄发展到全果，呈水渍状腐烂，浅灰褐色，其他部位也有相似的症状。湿度大时可用速克灵烟剂熏；湿度不大时可选喷速克灵、菌核净，或50%腐霉利（速克灵）可湿性粉剂与70%甲基硫菌灵（甲基托布津）可湿性粉剂混合液（60千克水中两药各加50克），或40%菌核净可湿性粉剂与50%异菌脲（扑海因）可湿性粉剂混合液（60千克水中两药各加50克），6天1次，连喷2～3次。

（4）炭疽病引起的烂果 接近成熟时易染病，初呈水渍状黄褐色圆斑，中央灰褐色，上有稍隆起的同心轮纹，常密生小黑点。潮湿时，病斑表面常溢出红色黏稠物；干燥时，病部干缩成膜状，易破裂露出种子。叶片染病，初为水渍状褪绿斑点，后变为边缘褐色、中部浅灰色的小斑。可选喷75%百菌清可湿性粉剂或80%代森锰锌（新万生）可湿性粉剂，以新万生效果最好，7天1次，连喷2～3次。

（5）绵腐病引起的烂果 果实受害腐烂，湿度大时，上生大量白霉。可喷30%琥胶肥酸铜（DT）可湿性粉剂600倍液或25%络氨铜水剂300倍液，7天1次，连喷2～3次。

（6）黑霉病引起的烂果 一般果顶先发病，也有的从果面开始，初期病部颜色变浅。果面渐渐收缩，并生有绿黑色霉层。可喷30%琥胶肥酸铜（DT）可湿性粉剂600倍液或58%甲霜灵·锰锌可湿性粉剂400倍液，7天1次，连喷2～3次。

（7）日灼病引起的烂果 高温天气，果实向阳部分受阳光直晒，果皮褪色变硬，产生灰白色革质斑，易被其他菌腐生，出现黑霉或腐烂。应及时浇水，采用遮阳网遮阴种植，改善田间小气候，均衡供水，减少该病发生。

（8）脐腐病引起的烂果 果实脐部受害，初呈暗绿色水渍状斑，后迅速扩大、皱缩、凹陷，常因寄生其他病菌而变黑或腐烂。可在坐住果后叶面喷洒1%过磷酸钙或0.1%氯化钙。如病部变黑或腐烂，可以按照黑霉病或软腐病来防治。

四、茄子

12. 茄子烂果怎么办？

烂果是茄子上发生较重的一类病害，主要是果实萼片以下出现部分腐烂、整果腐烂或掉果现象，使茄子失去商品价值，造成严重经济损失，且防治难度较大。通过实地调查，发现当前茄子烂果主要有以下3种原因。

（1）灰霉病引起的烂果 茄子叶片边缘有V形病斑，湿腐，有灰色霉层；果实顶部或蒂部腐烂，有灰色霉层；茎秆腐烂后也有灰色霉层。这是茄子的灰霉病症状，高温高湿条件下发生重。防治措施：喷施20%二氯异氰尿酸钠可溶粉剂、50%啶酰菌胺（凯泽）可湿性粉剂等药剂预防灰霉病；适时放风，降低湿度；摘除染病的花蒂、花瓣、果实、叶片等；在喷花时可加入防灰霉病药剂。

（2）细菌性软腐病引起的烂果　茄子以整个果实呈水烂状居多，有一股恶臭味，但不长毛，严重时会出现果实从植株上掉落的现象。这是茄子细菌性软腐病症状，在茄子上发生较普遍。防治措施：发生初期叶面喷洒47%春雷·王铜（加瑞农）可湿性粉剂800倍液，以及农用链霉素或新植霉素来防治。

（3）缺素症引起的烂果　茄子果实未发现长毛现象，果实从萼片以下掉落，果皮不出现腐烂，仍有光泽，但掰开果实后发现果瓤已经变成褐色或黑色。这种情况是茄子由于缺乏硼、钙等营养元素引起的生理性病害。茄子缺乏硼、钙等营养元素很多时候并非是由于土壤中缺乏这些元素，而是由于茄子植株吸收这些营养元素不足而造成。防治措施：补充钙、硼等营养元素，合理浇水施肥，同时要养好根，要注意小水勤浇，土壤要见干见湿，避免过度干旱，保证茄子生长正常的水分及养分供应。

五、西葫芦

13. 西葫芦幼瓜弯曲怎么办?

西葫芦幼瓜弯曲，属畸形果。

形成原因：

一是花芽分化期遇到寒流侵袭，棚室或外界气温低于8℃，致使花芽分化不正常，很容易形成畸形果而造成弯瓜现象。二是在开花期用生长调节剂喷花或喷花不匀，果实的一个侧面受到抑制作用大而不膨果。三是授粉受精不良。授粉好的部分产生的生长素较多，膨果好，而另一侧膨果差，就会引起弯瓜。

解决办法：

首先摘除弯瓜，避免无谓消耗营养。其次是尽量采用人工辅助授粉方式，掌握适宜的时期，以晴天上午6时至10时效果最好，用其他植株的雄花对柱头授粉坐果效果好，还要达到授粉均匀充分的要求。用生长调节剂喷花时也要喷得均匀，浓度适宜，避免浓度过高。坐住果后，可以用芸薹素内酯（硕丰481）或细胞分裂素喷果1～2次，以促进果实膨大。

六、萝卜

14. 萝卜早期抽薹是怎么回事? 如何预防?

河北永清县齐先生反映，他家种植的白萝卜，萝卜还没长大就抽薹了，眼看不能卖钱，全家都很着急，问怎么来避免?

萝卜在肉质根未长成时即抽薹，不能形成产量，称为早期抽薹。

形成原因：

一是播种期过早，萝卜在种子萌动后和幼苗期均可通过春化阶段，而造成早期抽薹。通常在5～10℃条件下10～20天就能通过春化阶段，1～5℃条件下10天就能通过春化阶段。不同品种感温性不同。北方品种冬性较强，比较适应低温的条件，出现早期抽薹的比例要少些；南方品种冬性较弱，要求的低温条件较为严格，相对更容易通过春化阶段，更易抽薹。二是萝卜的不同生育时期对低温反应的时间差别较大。比如萌动的种子在5℃条件下需经过15～20天才能通过春化阶段，而当2片真叶展开时只需3～5天即可完成春化阶段。三是日照时数。当萝卜植株通过春化阶段后，在12小时以上的长日照条件下可以加速抽薹。春化后如遇高温加长日照的条件，抽薹速度更快。温度越低，通过春化的速度越快；高低温变化反复，容易通过春化，且温差越大春化速度越快。在长江流域地区，冬暖而春寒的气候条件下，最容易引起早期抽薹。

预防措施：

①选择不易抽薹的品种。北方地区春季设施种植，南方地区春季露地种植，都要选择冬性强的白玉春等品种。此外，应避免使用陈种子，也不要将种子存放过久。

②适期播种。气温连续5天稳定在10℃以上时再播种，具体播种期根据品种特性和市场需求来安排。尽量将播种期安排在适宜生长的时间和季节。例如：北京平原地区春季适宜播种期，温室在2月上旬，春大棚在3月上中旬，露地在4月上旬；上海地区春季露地适宜播种期在2月中旬至3月下旬；山东适宜播种期在3月下旬至4月上旬。

③播种后和苗期做好防寒保温。尽量避免在10℃以下的生长环境，最长不宜超过5天，尤其是早春季节气温和地温都较低，切忌大水漫灌。此外，采取增施有机肥、覆盖地膜、加强中耕松土等栽培管理措施，促进幼苗生长健壮。

15. 萝卜生产中怎么避免形成畸形根、分杈根和短根？

北京平谷区周先生问，他新建的2栋温室种植白萝卜，萝卜都不顺溜，不仅分杈多，还有的长不长，是怎么回事？

萝卜肉质根发育初期生长点受损或主根生长受阻，会促进侧根肥大，从而导致肉质根分杈或形成各种类型的畸形根，不能作为商品出售。

形成原因：

一是耕层浅，土壤黏重板结；二是耕层土壤中有石块、姜石，以及前茬作物比较大的植株和根系残体等异物；三是施用未腐熟肥料或有机肥施用不匀，使种子播在粪块上，形成烧苗或虫卵滋生；四是地下害虫咬食或中耕除草操作过程中使主根受损；五是种子贮存过久，胚根受损等原因。

预防措施：

①选择适宜的土壤种植。应在土层深厚、疏松、肥沃、排水良好的沙质壤土地块或棚室种植，不要选在土壤黏重、板结的地块或棚室种植。

②精细整地。深耕30厘米以上，及时捡出土壤耕层中的姜石、石块，以及前茬残株、根系、地膜等异物，耙碎明暗坷垃，达到平整、疏松、无异物的标准，做成高垄种植。

③施用充分腐熟、细碎的有机肥。撒施均匀，及时防治蛴螬、金针虫、蝼蛄等地下害虫。

④选用新种子，中耕除草时深度适宜，避免损伤主根。

16. 萝卜肉质根糠心是怎么回事？如何预防？

北京大兴区贾先生反映，他家在大棚种植的白萝卜，拔萝卜时发现许多心糠了，问怎么回事？

萝卜糠心严重影响品质，多发生在沙质过重的土壤，不同品种之间糠心程度也有差异。

形成原因：

①肉质根膨大期土壤供水不足，前期过湿，后期过干。

②氮肥施用过多造成叶片徒长，硼肥供应不足。

③早期抽薹。

④播种过早、密度大、通风不良、采收过晚、采收时受损、贮藏期间环境温度过高、干燥等原因，都能形成糠心现象。

预防措施：

①不要在土壤过沙的地块或棚室种植，要选择肉质致密、干物质含量高、不易糠心的品种。

②适期播种，合理密植。生长期间调节适宜的温度避免早期抽薹，及时采收。

③平衡施肥。氮磷钾和微量元素肥料配合施用，尤其不要缺少硼肥和钾肥供应，避免营养生长过旺。

④科学浇水。肉质根膨大期要及时均匀浇水。

⑤贮藏期间及时调节环境条件，避免贮藏环境干燥和温度过高。

17. 萝卜裂根是怎么回事？如何预防？

北京大兴区张先生反映，他今年种植的心里美萝卜采收时许多
表皮开裂，问怎么避免？

萝卜在生长过程中或采收时肉质根表皮开裂现象，称为裂根。裂根轻微
时影响外观，严重时不能出售。

形成原因：

①在萝卜肉质根生长过程中水分供应干湿不匀，初期不足，肉质根组织
老化，后期水分供应过大，就易造成裂根；还有前期干旱或缺水，而后突然
浇大水或者下大雨，使肉质根内部生长压力迅速增加而撑破表皮造成裂根。

②选择土壤不当，耕作粗放。

③土壤中缺硼或硼供应不足，使表皮组织变脆。

④冻害、病虫危害等原因也会造成裂根。

预防措施：

①定苗后至采收前均匀浇水，最好采用滴灌或微喷等节水灌溉方式，既
省工又浇水均匀。一定要防止土壤忽干忽湿。

②平衡施肥。应以施用有机肥为主，每 667 米^2 施用量 3 000 ~ 5 000 千
克，追肥主要施用硼肥和钾肥，不过量施用氮素化肥。

③选择土壤疏松、肥沃的地块或棚室种植，栽培过程中及时防治病虫害
和冻害。

18. 萝卜有苦味或辣味重是怎么回事？如何预防？

山西曲沃县纪先生问，他家种植的青萝卜不好吃，不仅辣味重，
有的还有苦味，卖不出去，是怎么回事？

萝卜辣味重和有苦味都是口感差的表现，但是辣味和苦味的形成原因不
同。辣味是萝卜肉质根中含辣芥油量过高造成的，在播种期过早、气候干旱、
天气炎热、肥水供应不足的栽培条件下，萝卜易产生辣味。苦味是由于含氮
的碱化物造成的。栽培过程中氮肥施用过多，磷、钾肥供应不足，萝卜易产
生苦味。

预防措施：

①适期播种，尽量使肉质根生长在气候温和、昼夜温差大的季节。例如：
华北平原地区露地种植心里美萝卜在 8 月上中旬播种比较适宜，使肉质根膨大
期在 9 月下旬至 10 月下旬。

②设施栽培要在栽培过程中及时调节适宜的温度和湿度，肉质根膨大期

要均匀浇水，避免干旱。

③平衡施肥。根据土壤测定结果来施用肥料，避免氮肥过多，磷肥和钾肥供应不足。

七、其他蔬菜

19. 怎样避免胡萝卜糠心?

河北围场县李女士问，她家种植的胡萝卜近几年总是出现糠心，不好卖，问怎么来避免?

形成原因:

胡萝卜糠心又叫空心，是由于肉质根中心部分干枯失水而形成的。主要是生长期的前后水分供应不均，如前期过湿、后期干旱；另外，偏重施氮肥，早期抽薹，贮运时高温干燥，均会引起糠心。

预防措施:

①选择适宜的品种，以表皮、果肉、心轴均为红色的品种最受消费者的欢迎。

②选择轻沙壤或壤土的地块种植，不宜在沙土地块种植。

③在茎叶生长期适当少浇水，肉质根生长期均衡供水、避免干旱。

④调节适宜的贮存环境，尤其温度不能过高，水分适宜，避免在高温、干燥的条件下贮藏。

20. 大蒜不抽薹是什么原因?

山东兰陵县齐先生问，他家种植的大蒜在春季长不出蒜薹，但是别人家的蒜薹都能正常抽出，卖了不少钱，是什么原因?

形成原因:

大蒜不能正常抽出蒜薹，是由于环境条件不适或栽培措施不当造成的。贮藏期间已解除休眠的种蒜蒜瓣，或播后的种蒜，如果萌芽期和幼苗期在0～10℃低温下经30～40天，就可以分化花芽和鳞芽，然后在高温和长日照条件下便可以发育成正常抽薹和分瓣的蒜头。如果大蒜的萌芽期和幼苗期感受低温的时间不足，即便遇到高温和长日照条件，花芽和鳞芽也不能正常分化，就会产生不抽薹或不完全抽薹的植株，而且蒜头变小、蒜瓣数减少、瓣重减轻。若在大蒜秋播地区将低温反应敏感型品种或低温反应中间型品种放在春季播种，便容易出现不抽薹现象。

预防措施：

一是适期播种，必须让种蒜或幼苗经过0～10℃的低温条件30天以上。华北地区最好在9月中下旬播种，若必须在早春播种，应在3月上旬土地化冻后及早播种。二是加强田间管理，及时中耕、浇水和追肥，促使植株生长健壮，尤其是大蒜分瓣期不能缺少水分。

21. 如何防止蔬菜幼苗徒长？

河北永清县王女士问，她育的番茄苗总是不壮，别人说是徒长了，怎么预防？

防止蔬菜幼苗徒长的方法主要为：

①播种密度不宜太大，以免出苗后幼苗拥挤。同时，出苗约有30%后及时撤去地面覆盖物。

②及时间苗、假植和定植。普通苗床育的苗在出苗后要及时间苗，一般应间苗2～3次；在秧苗2叶1心时即应进行分苗，分苗的密度不要过密，以6～8厘米为宜。

③加强光照和通风，控制温湿度。在阴天多的季节和光照时间短的季节应在育苗棚安装补光灯来人工补光。在秧苗出土后、分苗前、分苗缓苗后、定植前，均应进行通风，降低温湿度，加强低温锻炼，控制秧苗过度生长。

④合理进行肥水管理。营养土的制备中，应该注重磷、钾肥用量，控制氮肥用量。苗床内严格控制浇水和追肥。需要追肥时，不能偏施氮肥。

⑤及时排稀秧苗。茄果类和瓜类定植前20天左右，秧苗常出现过度拥挤现象，此时应适当移动秧苗，使大小秧苗分开，并扩大单株的生存空间。

⑥利用生长调节剂控制徒长。在高温季节育苗为防止幼苗徒长，除了采取上述措施外，可用"施乐时"浸种，还可用0.2%波尔多液（等量式）喷雾来预防徒长。

22. 如何防止洋葱先期抽薹？

北京大兴区吴先生反映，他种植的十多亩洋葱还未长成球就抽薹了，眼看没有收成，问怎么避免？

形成原因：

造成洋葱先期抽薹的原因是幼苗期遇到低温环境。当洋葱幼苗茎粗大于0.6厘米时，在2～5℃条件下经历60～70天就可完成花芽分化。当茎粗超过0.9厘米时，洋葱感受低温的能力增强，通过春化所需的低温时间也相应缩短。当外界温度升高、日照时间延长时，洋葱就可抽薹开花。

预防措施：

①选择适宜本地区种植的优良品种，北方地区尽量选用冬性强、对低温反应迟钝、耐抽薹的品种，这是控制洋葱先期抽薹的重要措施。要尽可能选择北方品种，一般红皮洋葱比白皮洋葱未熟抽薹少。引种时，一般从高纬度向低纬度引种不易发生抽薹，但从低纬度向高纬度引种则容易发生抽薹。

②选择适宜的播种期和定植期。选择适当的播种期，是防止洋葱先期抽薹的最有效措施。早播，冬前幼苗易形成能通过春化的大苗，开春后抽薹率高。但播种太晚，幼苗过于细弱，降低抗寒能力，并最终影响产量。适时播种，幼苗较小，翌春不会先期抽薹。

③严格控制苗期肥水。冬季以前不宜施肥过多，使幼苗健壮生长。对较大的幼苗，要控制灌水施肥。春暖后，加强肥水管理。如已有抽薹的，可用摘薹的办法，当薹的膨大部分刚露出时摘去，也可得到一定产量。

④掌握适宜的播种量。一般保持苗床内单株营养面积在 $4 \sim 5$ 厘米^2，防止秧苗因密度过大而生长细弱，也可防止因营养面积过大而形成大苗。

⑤用生长调节剂控制抽薹。用 0.25% 乙烯利或 0.16% 青鲜素在洋葱幼苗期或花芽分化后进行喷洒，对抑制先期抽薹有一定作用。

23. 芹菜如何预防空心？

北京通州区李先生反映，他们村以种植芹菜为主，有一定的知名度，产品很畅销，但他家的芹菜出现许多空心现象，卖得不好了，问怎么避免？

形成原因：

芹菜空心现象主要是因为品种、土壤质地、温度、肥料、水分等条件不适造成的。在肥水管理相同的情况下，盐碱性强、较黏重、沙性大及病虫害严重的地块栽培的芹菜易发生空心。应找出原因采取针对措施来避免。

预防措施：

①选用优良品种。应选用纯度高、质量好的实心芹菜优良品种，如文图拉、津南实芹1号、美国高优它西芹等。

②选择适宜的地块种植。土壤酸碱度以中性或微酸性为好，忌黏土和沙性土壤种植。宜选择富含有机质、保水保肥力强并且排灌条件好的地块种植。

③调节适宜的温湿度。棚室内栽培芹菜，白天温度要保持在 $18 \sim 23℃$，不要超过 25℃，夜间温度要保持在 $13 \sim 18℃$，不要低于 10℃，地温以 $13 \sim 18℃$ 为宜；空气相对湿度在 60% ~ 90% 比较适宜。

④平衡施肥。施肥要适时适量，施足有机肥做底肥，撒施均匀，每667米^2

施优质腐熟、细碎的有机肥5 000千克左右。生长期追肥应以氮、磷、钾含量全面的肥料为主，不要单一追施尿素肥料。贯彻薄肥勤施的施肥原则。在芹菜旺盛生长期要不间断地供水供肥。如发现缺硼症状可叶面喷施硼肥。

⑤科学浇水。应小水勤浇。在旺盛生长期要经常保持畦土湿润，勿使畦内积水，土壤湿度保持在60%～80%，并注意排水防涝。

24.蔬菜轮作有什么作用？轮作时应注意什么？

北京通州区孙先生说，他从2004年开始种菜，连续几年种植黄瓜，发现即使不断增加肥料用量，但产量却越来越低，并且病害越来越重，问应该怎么换茬？

在同一块地上按照一定年限轮换栽培几种性质不同的蔬菜，是合理利用土壤肥力、减轻病虫害、改善品质、提高劳动生产率的有效措施。实行蔬菜合理轮作应注意以下几点：一是注意不同蔬菜对养分的需求不同，可以充分利用土壤养分；二是注意不同蔬菜的根系深浅不同，要使土壤中不同层次的肥料都能得到利用；三是注意不同蔬菜对土壤肥力的影响不同，要把生长期长与生长期短的、需肥多与需肥少的蔬菜合理搭配种植；四是注意不同蔬菜对土壤酸碱度的要求不同；五是注意不同环境病虫害发生程度不同，同科蔬菜往往有同样的病虫害发生，不同科蔬菜轮作可使病菌失去寄主或改变其生活环境，达到减轻或消灭病虫害的目的；六是注意不同蔬菜对杂草的抑制作用不同。

每种蔬菜都有一定的轮作年限，如黄瓜、茄子一般间隔5～6年，番茄、辣椒、甘蓝、菜豆等间隔3年以上，菠菜、韭菜、葱等需间隔1年以上。根据试验推荐10种蔬菜轮作方式：（1）番茄—黄瓜—香葱轮作；（2）番茄—叶菜—西葫芦—芹菜轮作；（3）茄子—芹菜—黄瓜—甘蓝轮作；（4）黄瓜—辣椒—叶菜轮作；（5）嫁接黄瓜—青蒜—嫁接黄瓜轮作；（6）西瓜—架豆—番茄轮作；（7）叶菜—茄子—西葫芦轮作；（8）甜椒—萝卜—芹菜轮作；（9）黄瓜—香葱—番茄—叶菜轮作；（10）番茄—青蒜—西葫芦轮作。

八、土壤肥料

25.蔬菜多施肥就能增产吗？

北京房山区李先生说，以往他种植温室番茄，每667米²底施25千克三元复混肥、25千克磷酸二铵、25千克硫酸钾，后期追施5次水溶肥，每次施用10千克，一年能收8 000千克左右番茄。如今还这么施，可产量却不如头几年。问是因为地变馋了吗？

其实这是一种误解。许多农民知道多施肥能增产，但作物吸收养分是有一定数量的，各种养分之间也是有一定比例的。当肥料施用过多，或某一养分施用过量，对作物生长是没有好处的。养分平衡才是提高肥效的关键。那么如何做到平衡施肥呢？最好的办法就是测土，了解土壤养分含量。根据土壤养分变化情况，确定施肥量，及时调整施肥配方，使施肥养分配比与投入供肥状况相协调，达到平衡施肥的效果。

以中等肥力水平的土壤为例，假设在冬春季，计划每667米^{2}生产6 000～8 000千克的番茄，每667米^{2}需要使用风干鸡粪1 000～1 200千克、氮肥（N）17～20千克，分别在3月下旬至4月下旬的果实膨大期分3～4次冲施；磷肥（P_2O_5）10～14千克，全部基施；钾肥（K_2O）30～37千克，30%作基施，70%在果实膨大期冲施。

26. 有机肥施用不当也会减产吗？

北京大兴区周女士问，从鸡场买了点生粪回来，沤了几天才用，却烧苗了，该怎么避免？

有机肥施用不当就会引起烧苗，尤其是生粪，使用时需要注意以下几点：

①生粪不宜直接施用。粪便中含有大肠杆菌等病菌，直接使用会导致病虫害的传播和作物发病，尤其不能用于种植鲜食类蔬菜，如生菜等。未腐熟完全的生粪施到地里，当发酵条件具备时，生粪在微生物的活动下发酵，当发酵部位距根较近或植株较小时，发酵产生的热量会影响作物生长，严重时导致植株死亡。

②有机肥不要过量施用。有些人认为有机肥料使用越多越好，实际过量使用有机肥料同化肥一样，也会产生危害。过量施用有机肥易导致烧苗，土壤养分不平衡，作物硝酸盐含量超标，农产品品质降低。

③有机肥最好与生物菌肥搭配施用。在施肥时，如果单独施用化肥或有机肥或生物菌肥，都不能使蔬菜长时间保持良好的生长状态。这是因为每种肥料都有各自的短处：化肥养分集中，施入后见效快，但是长期大量施用会造成土壤板结、盐渍化等问题；有机肥养分全，可促进土壤团粒结构的形成，培肥土壤，但养分含量少，释放慢，到了蔬菜生长后期不能供应足够的养分；生物菌肥可活化土壤中被固定的营养元素，刺激根系的生长和吸收，但它不含任何营养元素，也不能长时间供应蔬菜生长所需的营养。化肥、有机肥、生物菌肥配合施用效果要好于单独施用，生产中要合理搭配使用各种肥料。新建设施菜田以快速熟化土壤为主，每667米^{2}施用鸡粪或猪粪类有机肥3 000

千克；5年以上的老菜田建议选用添加了秸秆的牛粪或商品有机肥，每667米² 施用2 000千克。

27. 如何防止土壤板结？

河北固安县丁先生反映，他种的茄子最近土壤特别硬，茄子还总是不发苗，问怎么避免？

种植年限延长和高强度种植后，很多土壤都会出现板结、发硬的情况。这是因为长期的机械作用，会在距地表15～20厘米处形成坚硬、密实、黏重的犁底层，阻碍植株根系生长和水分下渗。那么如何避免呢？咱们农民朋友最好隔2～4年用深松机对土壤进行一次深松，深度宜在25～40厘米。这样可以打破犁底层，改善耕层土壤物理性状，增加透水性，还可以促进蔬菜根系发育。据测算，增加3厘米活土层，每667米²可增加70～75米³的蓄水量；深松作业可提高当季蔬菜产量10%左右。

28. 怎么防止蔬菜连作障碍？

山东德州市朱女士连续5年种植黄瓜，产量越来越低，问怎么办？

由于种植习惯和市场等多种限制原因，菜农往往长期种植单一蔬菜作物，即使有一些轮作倒茬，但很多蔬菜所属的科属也比较接近。连作不仅破坏土壤养分的平衡关系，使土壤肥力下降，某些营养元素过度缺乏或过剩，土壤理化性状恶化，还有一些共同的病害、病残体和土壤中的病菌不容易清除，特别是土壤传染的病害更趋于严重。

解决的方法：

①开展轮作。一般来说，轮作中安排豆类蔬菜、葱蒜类蔬菜对后作是有利的。豆类能固定空气中的氮素，增加土壤肥力；葱蒜类含有抗生素类物质，能抑制和杀死土壤中的病原菌，减少病害的发生。

②土壤消毒。可采用太阳能消毒、药剂消毒、辣根素消毒的方式对土壤进行消毒，从而杀死各类土传病菌及地下害虫，为下茬作物生长提供健康安全的土壤环境。

29. 如何防止土壤次生盐渍化？

北京密云区张先生问，他家种番茄，可大棚土壤干的时候有白盐，湿的时候是一层砖红色的东西，不知道是什么，如何防治？

张先生说的这个现象其实就是土壤发生次生盐渍化。土壤干时，表面有一层白色结晶返盐；当土壤湿润时，表面有一层紫红色或砖红色的胶状物。这样的现象常常出现在设施土壤中，是人为造成的土体含盐量超过0.1%的盐害症状。

当出现次生盐渍化土壤，要采取以下综合措施：

①因地制宜选择适宜作物。耐盐的作物有芦笋，中等耐盐的有甜菜、西葫芦，较耐盐的有茄子、番茄、辣椒、黄瓜、甘蓝、生菜等，不耐盐的有胡萝卜、洋葱、草莓。可选择耐盐效果较好的作物，缓解盐害对作物的影响，减少经济损失。

②合理施肥。选择适宜的肥料品种，化肥用量不宜多，测土后平衡施肥，慎用含氯化肥。新建设施菜田以快速熟化土壤为主，每667米^{2}施用鸡粪或猪粪类的有机肥3 000千克；5年以上的老菜田建议选用添加了秸秆的牛粪或商品有机肥，每667米^{2}施用2 000千克。

③调整栽种部位。当农民朋友选用瓦垄高畦时，盐分集中分布在垄的顶部和顶部中轴线附近，建议作物定植应在垄两侧低盐区域；当选用高平畦时，盐分则集中在畦的中部，作物应定植在高平畦"两肩"的低盐区域。

④地膜覆盖。生产中采用地膜覆盖可减少土壤表面水分蒸发，提高地温，防止土传病害的传播，也可降低土壤表土盐分，对作物缓苗极为有利。

⑤使用土壤调理剂。可以选用市面上效果较好的盐土改良剂。

⑥生物除盐。在夏季休闲期不施肥，每667米^{2}撒施12千克玉米籽，种植45 ~ 60天后将其粉碎翻压还田。结合土壤消毒，闷棚1个月后即可开展下茬生产，盐分降幅可达40%左右。

⑦小菜填闲。在夏季休闲期，不施用任何肥料，种植一茬速生叶菜类作物，如樱桃小萝卜、小油菜、小白菜等，盐分降幅可达20%左右。

30. 施肥不当会导致蔬菜发生生理病害吗？

北京赵女士反映，茄果类蔬菜的叶片大而深绿，叶柄和节间较长，叶脉间有时会出现黄化，易落花落果，还易出现脐腐病，问如何防治？

这是氮肥过量施用造成的生理障碍。农户平时应注重平衡施肥，缺什么补什么，切忌偏施氮肥；适当补钙，对前期氮肥较多或氮素积累较多的土壤，可用0.5% ~ 1%氯化钙或0.5%硝酸钙溶液进行叶面喷施，果类蔬菜自初花期起，每隔1周喷施1次，连喷3次。

31. 土壤的盐害怎么预防？

　　河北南河县王女士反映，番茄苗定植的时候，缓苗很慢，死苗率也高；缓苗后，叶色黑绿，嫩叶部位有干尖；到结果期，番茄果实果肩部位有深绿色条纹，与其他部位的颜色相比有明显区别，长得还很缓慢。问是什么原因？

　　这是土壤中高浓度盐害危害的症状。农民朋友在施用畜禽粪肥时，必须充分腐熟，而且与土壤要充分混匀，种植年限长的地块应选用含秸秆多的有机肥；避免单一使用化肥，慎用含氯化肥；在土地休闲期要灌水排盐或种植一茬填闲作物，或揭开棚顶利用雨水淋洗土壤中的盐分。

32. 氨气危害怎么预防？

　　天津蓟州区孙先生反映，自家种的黄瓜叶脉总出现水浸状，特别是在连续阴转晴时，叶片可出现萎蔫状；有时候两三天后受害叶片呈白色或褐色，继而干枯。问是什么原因？

　　这是受氨气危害的症状。日常生产中，鸡粪、饼肥等有机肥必须充分腐熟后方可施用；尿素等氮肥尽量穴施或深施；施肥前后应加大通风量，特别是已有氨气危害的棚室更应该迅速通风。

附录4 日光温室秋冬茬番茄苗期防控黄化曲叶病毒三字经

北京市房山区城关镇蔬菜技术人员常士明，在6年的番茄生产实践中成功避免传播速度快、最难治的番茄黄化曲叶病毒的危害，连续5年获得番茄高产、优质和高效。他从中总结出宝贵的经验，写出通俗易懂、朗朗上口的三字经，于2011年7月18日刊登在北京市京郊日报"农科天地"版，深受广大菜农朋友欢迎，经验在全北京郊区乃至周边地区推广。

秋冬柿 秋菜头[1] 产量高 多收入 黄化曲 叶病毒 发症猛 下山虎

能绝产 无收入 菜农急 干部忧 市场缺 领导急 好难种 菜农愁

别灰心 钻技术 要研究 找准因 能防控 从上茬 先入手 未拉秧

净采收 烟熏药[2] 闭风口 晴天蒸 闷一周 灭病虫 断其后 再拉秧

杂草净[3] 及清走 无害化 把肥堆 断毒源 腐熟粪 要上足 耕好地

棚膜覆 再闷棚 达三周 选抗种 打基础 增成本 多投入 防虫网

阻害虫 粘虫板 补遗漏 灭粉虱 防传毒 育苗室 覆棚膜 遮阳网[4]

降温度 细整地 苗畦平 穴盘苗 适龄育 营养土 配比例 早动手

盘码齐 选播期 避酷暑 天气报 看一周 适时播 种晾晒 要清毒

温汤浸 双五五[5] 籽勤翻 种芽粗 短芽种 底水足 点籽细 覆蛭石

苗出齐 渐光照[6] 促苗全 早补苗 保苗健 过堂水 为降温 避高温

在苗初 排水沟 早挖好 防猝倒 上药土 粘虫板 早挂出 亩三十[7]

莫含糊 早灭虱 除源毒 勤散苗 茎秆粗 育壮苗 打基础 需轮作

定制度 幼苗起 环境优 邻居好 少源毒 创佳境 齐动手[8] 精整地

土壤疏 未定植 先栽豆[9] 既遮阳 又诱虫 月苗龄 高畦出 覆地膜

保密度 双干枝 少支出[10] 及时浇 底水足 护好根 覆好土 减暴晒

抑病毒 黄板挂 推两网[11] 灭虱蚜 避煤污 忌干热 保湿度 通风好

下通透[12] 防徒长 保苗壮 有病株 早拔除 精管理 病虫除 想挣钱

多研究 创高产 夺丰收 全做到 您增收

注：

1.秋菜头：指秋冬茬所种多种蔬菜作物相比较，番茄的产量及收入应排在首位，并且是市民最喜欢食用的蔬菜作物。

2.烟熏药：指在上茬蔬菜拉秧前，采净应收获的果实，清除干净棚内的残株、烂叶和杂草，关闭严上下风口和门口，然后用烟熏的方法施用低毒的杀虫剂和杀菌药来消灭棚内的害虫和病菌。

3.杂草净：指把棚内外杂草清除干净，连同上茬残株烂叶一起运到指定地点进行高温堆肥、臭氧消毒等无害化处理。

4.遮阳网：指覆盖活动式的遮阳网，在晴天11时阳光照射强度高时覆盖遮阳网，15时后拉开。

5.双五五：指用55℃的温水浸种20～30分钟有杀灭种子携带病菌的作用。

6.渐光照：指出苗后逐渐增加光照程度。

7.亩三十：指每667米^{2}棚室悬挂30块粘虫黄板。

8.齐动手：对于连片棚室应统一行动，同时施药灭虫比单独施药效果好。

9.先栽豆：在定植番茄前，在行间栽种一些架豆或豇豆，因粉虱喜食豆叶，既能起到遮阳作用又容易发现粉虱。

10.少支出：有些价格高的种子，为节省买种子的成本，可采取双干整枝方法。

11.推两网：推广风口和门口安装防虫网和棚顶覆盖遮阳网并要封严，起到阻止害虫进入棚室和遮阳降温作用。

12.下通透：在温度高的时候上下风口要昼夜通风，以防徒长，但风口和门口一定要用50目的防虫网封严。

（曹华把关修改）

附录5 二十四节气相关农谚

一、天津地区收集

立春雨水，赶早送粪；惊蛰春分，栽蒜当紧；清明谷雨，瓜豆快点；立夏小满，浇园防旱；芒种夏至，拔麦种谷；小暑大暑，快把草除；立秋处暑，种菜无误；白露秋分，种麦打谷；寒露霜降，耕地翻土；立冬小雪，收菜冬灌；大雪冬至，小麦盖被；小寒大寒，准备过年。

二、江苏地区收集

立春阳气转，雨水落无断；惊蛰雷打声，春分雨水干；清明麦吐穗，谷雨浸种忙；立夏鹅毛住，小满打麦子；芒种万物播，夏至做黄霉；小暑耘收忙，大暑是伏天；立秋收早秋，处暑雨似金；白露白迷迷，秋分秋秀齐；寒露育青秋，霜降一齐倒；立冬下麦子，小雪农家闲；大雪崴河泥，冬至河封严；小寒办年货，大寒贺新年。

三、河北地区收集

立春雨水，计划定起；惊蛰春分，送粪耕地；清明谷雨，瓜豆快点；立夏小满，浇园防旱；芒种夏至，拔麦种谷；小暑大暑，快把草除；立秋处暑，种菜无误；白露秋分，种麦打谷；寒露霜降，耕地翻地；立冬小雪，白菜出园；大雪冬至，拾粪当先；小寒大寒，勤俭过年。

四、黄河流域收集

一月

小寒大寒在其间，气候寒冷到极点。　　土粪覆盖弱苗转，保护栽培蔬菜园。

小麦已进越冬期，越冬作物保安全。　　育苗准备此月间，葱种晾晒除菌变。

196

土豆切块把种选，全年生产开好端。

二月

立春雨水二月间，小麦早春要巧管。
促分蘖来多成穗，穗足粒多创高产。
倒伏纹枯要早防，早春追肥群体观。
土壤解冻忙中耕，抗旱防倒记心间。
早播西瓜和土豆，育苗催芽要保暖。

三月

三月惊蛰春分连，作物病虫解冬眠。
拔节肥水不能少，纹枯病防莫迟延。
棉花育苗要打钵，西瓜嫁接定植前。
土豆整地施足肥，起垄栽培一米宽。
春耕备播早动手，一年之计在春天。

四月

四月清明谷雨天，小麦管理任务艰。
挑旗抽穗开花期，病虫防治紧相连。
辉丰菊酯打穗蚜，灭扫利来防虫螨。
白粉锈病禾果利，多菌灵将赤霉缓。
椒棉苗床控好温，移栽追肥基础关。

五月

立夏小满五月间，小麦灌浆粒重添。
防治病虫干热风，养根护叶早衰免。
灌浆水分很重要，有风不浇保平安。
麦套棉田防缺墒，麦垄点种半月前。
麦收准备要用心，充分打好提前战。

六月

芒种季节麦收忙，虎口夺粮不一般。
夏收夏种和夏管，件件都要记心间。
机械收割麦茬高，焚烧麦茬不安全。
夏季高温蒸发快，麦秸麦糠来盖田。
病虫草害综合防，秋季作物要早管。

七月

小暑大暑烈日炎，温度最高三伏天。

高温积肥黑臭烂，沃土工程做示范。
四位一体好处多，建好沼气是一关。
烟熏火燎要告别，厨房革命走在前。
七月雨季防好汛，秋季丰收多卖钱。

八月

玉米授粉在立秋，以水调肥丰收年。
处暑以后花吐絮，控旺治虫技术尖。
大豆喷钼花果实，花生控旺要当先。
红薯提蔓防旺长，芝麻打顶油涟涟。
锄下有火也有水，锄禾当午莫等闲。

九月

乳线消失玉米熟，适时收获告乡亲。
根外追肥棉铃增，乙烯利洒棉似锦。
昼夜均等是秋分，小麦备播要打紧。
优麦种植要订单，签订协议要当心。

十月

寒露前后种小麦，深耕精播出苗匀。
平衡施肥肥效高，土壤处理防金针。
优良品种选对路，莫要人云咱亦云。
白龙灌水虽然好，打好畦田是根本。
预留行来预留地，结构调整效益新。

十一月

霜花遍地十一月，农业冬管急上急。
小麦进入分蘖期，查苗补栽莫迟疑。
夜冻日消浇麦好，促根增蘖奠良基。
温室蔬菜要保暖，严防病害志不移。
秋延蔬菜上市早，储藏才能好效益。

十二月

俗语瑞雪兆丰年，夜冻日消搞冬灌。
分蘖之后搞化除，因苗制宜肥水管。
温棚蔬菜是重点，防冻保暖草苫添。
棚外冰雪棚内绿，繁荣市场有贡献。
农闲时期充充电，学习科技冬不闲。

五、北京地区收集

九九歌

一九二九不出手，三九四九冰上走；

五九六九沿河看柳；七九河开，八九雁来；

九九加一九，耕牛遍地走。

附录6 常用农药安全间隔期

农药名称	适用作物	防治对象	每季作物最多使用次数	安全间隔期（天）
47%春雷·王铜可湿性粉剂	番茄	叶霉病	3	4
10%多抗霉素可湿性粉剂	番茄	叶霉病	4	5
10%氟硅唑水乳剂	番茄	叶霉病	2	7
10%腐霉利烟剂	番茄	灰霉病	2	5
50%啶酰菌胺水分散粒剂	番茄	灰霉病	3	5
	草莓	白粉病、灰霉病	3	3
	油菜	菌核病	2	14
10%苯醚甲环唑水分散粒剂	番茄	早疫病	2	7
	大白菜	黑斑病	3	28
	芹菜	叶斑病、斑枯病	3	14
	辣椒	炭疽病	3	3
3%中生菌素可湿性粉剂	番茄	青枯病	3	5
	黄瓜	角斑病	3	3
72%霜脲·锰锌	番茄	晚疫病	3	2
	黄瓜	霜霉病	3	2
	辣椒	疫病	3	15
80%代森锰锌可湿性粉剂	番茄	早疫病	3	15
	辣椒	炭疽病	3	14
250克/升嘧菌酯悬浮剂	番茄	晚疫病	3	5
	辣椒	炭疽病	3	5

(续)

农药名称	适用作物	防治对象	每季作物最多使用次数	安全间隔期（天）
500克/升异菌脲悬浮剂	番茄	早疫病	3	2
3%多抗霉素可湿性粉剂	番茄	晚疫病	3	2
8%宁南霉素水剂	番茄	病毒病	3	7
1 000亿孢子/克枯草芽孢杆菌可湿性粉剂	黄瓜	白粉病	2	3
8%氟硅唑微乳剂	黄瓜	白粉病	3	7
50%醚菌酯水分散粒剂	黄瓜	白粉病	3	5
722克/升霜霉威盐酸盐水剂	黄瓜	猝倒病	3	3
	甜椒	疫病	3	4
	菠菜	霜霉病	3	20
30%百菌清烟剂	黄瓜	霜霉病	4	3
46%氢氧化铜水分散粒剂	黄瓜	角斑病	3	3
20%噻菌铜悬浮剂	黄瓜	角斑病	3	3
	大白菜	软腐病	3	14
50%烯酰吗啉可湿性粉剂	黄瓜	霜霉病	3	2
	辣椒	疫病	3	7
45%百菌清烟剂	黄瓜	霜霉病	4	3
1%阿维菌素颗粒剂	黄瓜	根结线虫	1	51
25%咪鲜胺乳油	辣椒	白粉病	2	12
30%精甲·噁霉灵水剂	辣椒	猝倒病	3	10
24%井冈霉素水剂	辣椒	立枯病	3	14
50%异菌脲可湿性粉剂	辣椒	立枯病	3	7
30%噁霉灵水剂	辣椒	立枯病	2	21

（续）

农药名称	适用作物	防治对象	每季作物最多使用次数	安全间隔期（天）
68%精甲霜·锰锌水分散粒剂	辣椒	疫病	4	5
30%多·福可湿性粉剂	辣椒	立枯病	3	7
0.5%小檗碱水剂	辣椒	疫霉病	3	15
687.5克/升氟菌·霜霉威悬浮剂	大白菜	霜霉病	3	5
70%丙森锌可湿性粉剂	大白菜	霜霉病	3	21
45%代森铵水剂	白菜	霜霉病	3	7
430克/升戊唑醇悬浮剂	大白菜	黑斑病	2	14
6%春雷霉素可湿性粉剂	大白菜	黑腐病	3	21
80%烯酰吗啉水分散粒剂	花椰菜	霜霉病	3	10
255克/升异菌脲悬浮剂	油菜	菌核病	2	50
50%腐霉利可湿性粉剂	油菜	菌核病	2	25
15%腐霉利烟剂	韭菜	灰霉病	1	30
80%克菌丹水分散粒剂	草莓	灰霉病	3	3
300克/升醚菌·啶酰菌悬浮剂	草莓	白粉病	3	7
22.4%螺虫乙酯悬浮剂	番茄	烟粉虱	1	5
25%噻虫嗪水分散粒剂	番茄	白粉虱	2	3
	节瓜	蓟马	2	7
50%噻虫胺水分散粒剂	番茄	烟粉虱	3	7

（续）

农药名称	适用作物	防治对象	每季作物最多使用次数	安全间隔期（天）
10%溴氰虫酰胺可分散油悬浮剂	番茄	烟粉虱、棉铃虫	3	3
	大葱	蓟马	3	3
50克/升虱螨脲乳油	番茄	棉铃虫	2	7
2%甲氨基阿维菌素苯甲酸盐乳油	番茄	棉铃虫	1	7
15%敌敌畏烟剂	黄瓜	蚜虫	2	7
20%啶虫脒可溶粉剂	黄瓜	蚜虫	2	3
10%异丙威烟剂	黄瓜	蚜虫	2	7
20%呋虫胺可溶粒剂	黄瓜	蓟马	2	3
75%灭蝇胺可湿性粉剂	黄瓜	斑潜蝇	2	3
1.8%阿维菌素乳油	黄瓜	斑潜蝇	3	3
1.8%阿维·高氯乳油	黄瓜	斑潜蝇	2	3
43%联苯肼酯悬浮剂	辣椒	茶黄螨	2	5
10%溴氰虫酰胺悬乳剂	辣椒	烟粉虱	3	3
240克/升虫螨腈悬浮剂	茄子	朱砂叶螨	2	7
60克/升乙基多杀菌素悬浮剂	茄子	蓟马	3	5
	甘蓝	小菜蛾	3	7
2%苦参碱水剂	甘蓝	菜青虫	2	7
1.5%苦参碱可溶液剂	甘蓝	蚜虫	1	10
60%吡蚜酮水分散粒剂	甘蓝	蚜虫	3	14
2%苦参碱水剂	甘蓝	菜青虫	2	7
25%灭幼脲悬浮剂	甘蓝	菜青虫	2	7

（续）

农药名称	适用作物	防治对象	每季作物最多使用次数	安全间隔期（天）
5%氯虫苯甲酰胺悬浮剂	甘蓝	小菜蛾、甜菜夜蛾	2	1
0.5%甲氨基阿维菌素苯甲酸盐微乳剂	甘蓝	甜菜夜蛾	2	3
30%虫酰肼悬浮剂	甘蓝	甜菜夜蛾	2	7
1.8%阿维菌素乳油	甘蓝	蚜虫	3	7
	十字花科蔬菜	菜青虫、小菜蛾	1	7
10%溴氰虫酰胺可分散油悬浮剂	小白菜	黄条跳甲	3	3
300克/升氯虫·噻虫嗪悬浮剂	小白菜	黄条跳甲	1	14
5%啶虫脒乳油	萝卜	黄条跳甲	2	21
1.5%除虫菊素水乳剂	十字花科蔬菜	蚜虫	3	2
2.5%鱼藤酮乳油	十字花科蔬菜	蚜虫	3	5
200克/升吡虫啉可溶液剂	十字花科蔬菜	蚜虫	2	7
6%四聚乙醛颗粒剂	十字花科蔬菜	蜗牛、蛞蝓	2	7
70%吡虫啉水分散粒剂	小葱	蓟马	1	7
10%噻虫胺悬浮剂	韭菜	韭蛆	1	14
10%吡虫啉可湿性粉剂	韭菜	韭蛆	1	14
4.5%高效氯氰菊酯乳油	韭菜	迟眼蕈蚊	2	10
0.5%藜芦碱可溶液剂	草莓	红蜘蛛	1	10
0.5%伊维菌素乳油	草莓	红蜘蛛	2	5

附录7 绿色食品生产允许使用的农药和其他植保产品清单

附表7-1 AA级和A级绿色食品生产均允许使用的农药和其他植保产品清单

类别	组分名称	备　注
Ⅰ.植物和动物来源	楝素（苦楝、印楝等提取物，如印楝素等）	杀虫
	天然除虫菊素（除虫菊科植物提取液）	杀虫
	苦参碱及氧化苦参碱（苦参等提取物）	杀虫
	蛇床子素（蛇床子提取物）	杀虫、杀菌
	小檗碱（黄连、黄柏等提取物）	杀菌
	大黄素甲醚（大黄、虎杖等提取物）	杀菌
	乙蒜素（大蒜提取物）	杀菌
	苦皮藤素（苦皮藤提取物）	杀虫
	藜芦碱（百合科藜芦属和喷嚏草属植物提取物）	杀虫
	桉油精（桉树叶提取物）	杀虫
	植物油（如薄荷油、松树油、香菜油、八角茴香油）	杀虫、杀螨、杀真菌、抑制发芽
	寡聚糖（甲壳素）	杀菌、植物生长调节
	天然诱集和杀线虫剂（如万寿菊、孔雀草、芥子油）	杀线虫
	天然酸（如食醋、木醋和竹醋等）	杀菌
	菇类蛋白多糖（菇类提取物）	杀菌
	水解蛋白质	引诱
	蜂蜡	保护嫁接和修剪伤口

（续）

类别	组分名称	备注
Ⅰ.植物和动物来源	明胶	杀虫
	具有驱避作用的植物提取物（大蒜、薄荷、辣椒、花椒、熏衣草、柴胡、艾草的提取物）	驱避
	害虫天敌（如寄生蜂、瓢虫、草蛉等）	控制虫害
Ⅱ.微生物来源	真菌及真菌提取物（白僵菌、轮枝菌、木霉菌、耳霉菌、淡紫拟青霉、金龟子绿僵菌、寡雄腐霉菌等）	杀虫、杀菌、杀线虫
	细菌及细菌提取物（苏云金芽孢杆菌、枯草芽孢杆菌、蜡质芽孢杆菌、地衣芽孢杆菌、多黏类芽孢杆菌、荧光假单胞杆菌、短稳杆菌等）	杀虫、杀菌
	病毒及病毒提取物（核型多角体病毒、质型多角体病毒、颗粒体病毒等）	杀虫
	多杀霉素、乙基多杀菌素	杀虫
	春雷霉素、多抗霉素、井冈霉素、（硫酸）链霉素、嘧啶核苷类抗菌素、宁南霉素、申嗪霉素和中生菌素	杀菌
	S-诱抗素	植物生长调节
Ⅲ.生物化学产物	氨基寡糖素、低聚糖素、香菇多糖	防病
	几丁聚糖	防病、植物生长调节
	苄氨基嘌呤、超敏蛋白、赤霉酸、羟烯腺嘌呤、三十烷醇、乙烯利、吲哚丁酸、吲哚乙酸、芸薹素内酯	植物生长调节
Ⅳ.矿物来源	石硫合剂	杀菌、杀虫、杀螨
	铜盐（如波尔多液、氢氧化铜等）	杀菌，每年铜使用量不能超过6千克/公顷
	氢氧化钙（石灰水）	杀菌、杀虫
	硫黄	杀菌、杀螨、驱避
	高锰酸钾	杀菌，仅用于果树
	碳酸氢钾	杀菌
	矿物油	杀虫、杀螨、杀菌

(续)

类别	组分名称	备　注
IV.矿物 来源	氯化钙	仅用于治疗缺钙症
	硅藻土	杀虫
	黏土（如斑脱土、珍珠岩、蛭石、沸石等）	杀虫
	硅酸盐（硅酸钠、石英）	驱避
	硫酸铁（3价铁离子）	杀软体动物
V.其他	氢氧化钙	杀菌
	二氧化碳	杀虫、用于贮存设施
	过氧化物类和含氯消毒剂（如过氧乙酸、二氧化氯、二氯异氰尿酸钠、三氯异氰尿酸等）	杀菌，用于土壤和培养基质消毒
	乙醇	杀菌
	海盐和盐水	杀菌，仅用于种子（如稻谷等）处理
	软皂（钾肥皂）	杀虫
	乙烯	催熟等
	石英砂	杀菌、杀螨、驱避
	昆虫性外激素	引诱，仅用于诱捕器和散发皿内
	磷酸氢二铵	引诱，仅限用于诱捕器中使用

注：该清单每年都可能根据新的评估结果发布修改单，国家新禁用的农药自动从该清单中删除。

当附表7-1所列农药和其他植保产品不能满足有害生物防治需要时，A级绿色食品生产还可按照农药产品标签或GB/T8321的规定使用附表7-2所列农药。

附表7-2　A级绿色食品生产允许使用的其他农药清单

杀虫剂

S-氰戊菊酯、吡丙醚、吡虫啉、吡蚜酮、丙溴磷、除虫脲、啶虫脒、氟虫脲、氟啶虫酰胺、氟铃脲、高效氯氰菊酯、甲氨基阿维菌素苯甲酸盐、甲氰菊酯、抗蚜威、联苯菊酯、螺虫乙酯、氯虫苯甲酰胺、氯氟氰菊酯、氯菊酯、氯氰菊酯、灭蝇胺、灭幼脲、噻虫啉、噻虫嗪、噻嗪酮、辛硫磷、茚虫威

(续)

杀螨剂

苯丁锡、噻螨酮、喹螨醚、四螨嗪、联苯肼酯、乙螨唑、螺螨酯、唑螨酯

杀软体动物剂

四聚乙醛

杀菌剂

吡唑醚菌酯、丙环唑、代森联、代森锰锌、代森锌、啶酰菌胺、啶氧菌酯、多菌灵、噁霉灵、噁霜灵、粉唑醇、氟吡菌胺、氟啶胺、氟环唑、氟菌唑、腐霉利、咯菌腈、甲基立枯磷、甲基硫菌灵、甲霜灵、腈苯唑、腈菌唑、精甲霜灵、克菌丹、醚菌酯、嘧菌酯、嘧霉胺、氰霜唑、噻菌灵、三乙膦酸铝、三唑醇、三唑酮、双炔酰菌胺、霜霉威、霜脲氰、萎锈灵、戊唑醇、烯酰吗啉、异菌脲、抑霉唑

熏蒸剂

棉隆、威百亩

除草剂

二甲四氯、氨氯吡啶酸、丙炔氟草胺、草铵膦、草甘膦、敌草隆、噁草酮、二甲戊灵、二氯吡啶酸、二氯喹啉酸、氟唑磺隆、禾草丹、禾草敌、禾草灵、环嗪酮、磺草酮、甲草胺、精吡氟禾草灵、精喹禾灵、绿麦隆、氯氟吡氧乙酸、氯氟吡氧乙酸异辛酯、麦草畏、咪唑喹啉酸、灭草松、氰氟草酯、炔草酯、乳氟禾草灵、噻吩磺隆、双氟磺草胺、甜菜安、甜菜宁、西玛津、烯草酮、烯禾啶、硝磺草酮、野麦畏、乙草胺、乙氧氟草醚、异丙甲草胺、异丙隆、莠灭净、唑草酮、仲丁灵

植物生长调节剂

2,4-D、氯吡脲、矮壮素、萘乙酸、噻苯隆、多效唑、烯效唑

注：该清单每年都可能根据新的评估结果发布修改单，国家新禁用农药自动从该清单中删除。

图书在版编目（CIP）数据

二十四节气话种菜 ／ 曹华主编. —北京：中国农
业出版社，2019.1（2023.2重印）

ISBN 978-7-109-24770-3

Ⅰ.①二… Ⅱ.①曹… Ⅲ.①蔬菜园艺 Ⅳ.①S63

中国版本图书馆CIP数据核字(2018)第248692号

中国农业出版社出版
（北京市朝阳区麦子店街18号楼）
（邮政编码 100125）
责任编辑 石飞华

北京通州皇家印刷厂印刷 新华书店北京发行所发行
2019年1月第1版 2023年2月北京第2次印刷

开本：700mm×1000mm 1/16 印张：13.5
字数：240千字
定价：69.00元
（凡本版图书出现印刷、装订错误，请向出版社发行部调换）